Helena Barbas

Riesz-Transformationen auf Lie-Gruppen

Helena Barbas

Riesz-Transformationen auf Lie-Gruppen

Eine Analyse auf Heisenberg-Typ-Gruppen

Südwestdeutscher Verlag für Hochschulschriften

Impressum/Imprint (nur für Deutschland/only for Germany)
Bibliografische Information der Deutschen Nationalbibliothek: Die Deutsche Nationalbibliothek verzeichnet diese Publikation in der Deutschen Nationalbibliografie; detaillierte bibliografische Daten sind im Internet über http://dnb.d-nb.de abrufbar.
Alle in diesem Buch genannten Marken und Produktnamen unterliegen warenzeichen-, marken- oder patentrechtlichem Schutz bzw. sind Warenzeichen oder eingetragene Warenzeichen der jeweiligen Inhaber. Die Wiedergabe von Marken, Produktnamen, Gebrauchsnamen, Handelsnamen, Warenbezeichnungen u.s.w. in diesem Werk berechtigt auch ohne besondere Kennzeichnung nicht zu der Annahme, dass solche Namen im Sinne der Warenzeichen- und Markenschutzgesetzgebung als frei zu betrachten wären und daher von jedermann benutzt werden dürften.

Coverbild: www.ingimage.com

Verlag: Südwestdeutscher Verlag für Hochschulschriften GmbH & Co. KG
Heinrich-Böcking-Str. 6-8, 66121 Saarbrücken, Deutschland
Telefon +49 681 37 20 271-1, Telefax +49 681 37 20 271-0
Email: info@svh-verlag.de

Zugl.: Kiel, CAU, Diss., 2007

Herstellung in Deutschland (siehe letzte Seite)
ISBN: 978-3-8381-1206-0

Imprint (only for USA, GB)
Bibliographic information published by the Deutsche Nationalbibliothek: The Deutsche Nationalbibliothek lists this publication in the Deutsche Nationalbibliografie; detailed bibliographic data are available in the Internet at http://dnb.d-nb.de.
Any brand names and product names mentioned in this book are subject to trademark, brand or patent protection and are trademarks or registered trademarks of their respective holders. The use of brand names, product names, common names, trade names, product descriptions etc. even without a particular marking in this works is in no way to be construed to mean that such names may be regarded as unrestricted in respect of trademark and brand protection legislation and could thus be used by anyone.

Cover image: www.ingimage.com

Publisher: Südwestdeutscher Verlag für Hochschulschriften GmbH & Co. KG
Heinrich-Böcking-Str. 6-8, 66121 Saarbrücken, Germany
Phone +49 681 37 20 271-1, Fax +49 681 37 20 271-0
Email: info@svh-verlag.de

Printed in the U.S.A.
Printed in the U.K. by (see last page)
ISBN: 978-3-8381-1206-0

Copyright © 2012 by the author and Südwestdeutscher Verlag für Hochschulschriften GmbH & Co. KG and licensors
All rights reserved. Saarbrücken 2012

Danksagung

Zunächst möchte ich Herrn Professor Dr. Detlef Müller für die Vergabe dieses interessanten Themas und die Betreuung danken.

Danken möchte ich auch Herrn Professor Dr. Hermann König für wertvolle Diskussionen und Hinweise.

Meinen Eltern gebührt für ihre Unterstützung mein großer Dank, natürlich auch meinen Schwestern und Freunden. Danke für die letzten Jahre!

In der vorliegenden Arbeit wird eine Abschätzung der L^p-Operatornorm des Vektors der Riesz-Transformationen auf den Heisenberg-Typ-Gruppen gegeben.

Ist $\mathbb{H}_{n,m}$ eine Heisenberg-Typ-Gruppe, so besitzt $\mathbb{H}_{n,m}$ die Lie-Algebra $\mathfrak{h}_{n,m}$, die man als Aufspann einer Orthonormalbasis linksinvarianter Vektorfelder $\{\mathscr{X}_i | 1 \leq i \leq n\}$ auffassen kann. Dabei bezeichnet m die Dimension des Zentrums der Gruppe, n die Anzahl der linear unabhängigen Vektorfelder die benötigt werden, um als Lie-Algebrenerzeugnis $\mathfrak{h}_{n,m}$ zu erhalten. Es gibt dann auf $\mathbb{H}_{n,m}$ ein Äquivalent Δ zum euklidischen Laplace-Operator auf $\mathbb{R}^n$, $\Delta = -\sum_{i=1}^n \mathscr{X}_i^2$. Die Riesz-Transformationen R_i werden unter Ausnutzung des Spektralsatzes für Funktionen $f \in \Delta\left(C_0^\infty(\mathbb{H}_{n,m})\right)$ definiert durch $R_i := \mathscr{X}_i \Delta^{-1/2}$. Der Vektor der Riesz-Transformationen ist dann der Operator $\mathscr{R}$, wobei für $f \in \Delta\left(C_0^\infty(\mathbb{H}_{n,m})\right)$

$$\mathscr{R}f = (R_1 f, \ldots, R_n f). \tag{1}$$

Das zweite Kapitel widmet sich der Bereitstellung unter anderem dieser Grundlagen. Für den klassischen Fall des $\mathbb{R}^n$ wurde von Stein in [S1] bewiesen, dass für $p \in (1,\infty)$ die L^p-Operatornorm des Vektors der Rieszstransformationen nicht von n abhängig ist. Meyer hatte in [M1] schon die Beschränktheit der R_i gezeigt. In dieser Arbeit wird für $\mathscr{R}$ nun das folgende Theorem bewiesen:

Theorem 1.1: *Sei $p \in (1,\infty)$, $\mathbb{H}_{n,m}$ eine Heisenberg-Typ-Gruppe, $\mathscr{R}$ wie in (1). Es existiert eine von n und m unabhängige Konstante C_p so, dass für alle $f \in L^p(\mathbb{H}_{n,m})$ gilt:*

$$C_p^{-1} e^{-0,45m} ||f||_{L^p(\mathbb{H}_{n,m})} \leq |||\mathscr{R}f|||_{L^p(\mathbb{H}_{n,m})} \leq C_p e^{0,45m} ||f||_{L^p(\mathbb{H}_{n,m})}.$$

Bekannt war vorher nur, dass die Operatornorm nicht von n abhängig ist (siehe [LP]), das Verhalten in m war jedoch gänzlich unbekannt.

Der vorliegende Beweis von Theorem 1.1 orientiert sich an einem Beweis, der für eine Klasse von Spezialfällen, den Heisenberg-Gruppen, in [C-M-Z] geführt wurde. Dabei ist Parallelität nur bis zu einem frühen Punkt im Beweis gegeben, der Hauptteil dieser Arbeit widmet sich dem späteren Teil. Jedoch werden Aussagen, wie eine Formel für R_i oder die uniforme Beschränktheit einer Hilberttransformation, die ohne Beweis in [C-M-Z] genutzt wurden, hier bewiesen. Im späteren (und neuartigen) Teil des Beweises wird das Verhalten von gewissen oszillierenden Integralen, die vom Wärmeleitungskern auf der betreffenden Heisenberg-Typ-Gruppe herstammen, abgeschätzt. Die naive Abschätzung liefert nur für einen Teil befriedigende Ergebnisse, deswegen werden die übrigen durch wiederholte Anwendung des Cauchyschen Integralsatzes zunächst auf eine geeignetere Form gebracht. Der letzte Teil beschäftigt sich dann mit der Abschätzung der Integrale in ihrer neuen Form.

Notation

$\lvert \cdot \rvert$	euklidische Norm
$\mathbb{N}$	natürliche Zahlen, angefangen bei 1
$\mathbb{N}_0$	$\mathbb{N} \cup \{0\}$
$\mathbb{N}_{\leq x}$	$\{n \in \mathbb{N} \mid n \leq x\}$. Entsprechend (und auch auf $\mathbb{R}$) definiert für „$\geq$", „$<$" sowie „$>$".
δ_{ij}	Kronecker-Delta, $\delta_{ij} = 1$ falls $i = j$, 0 sonst
$\mathfrak{Re}$	Realteil einer komplexen Zahl
$\mathfrak{Im}$	Imaginärteil einer komplexen Zahl
Γ	Gamma-Funktion
B	Beta-Funktion, $B(x,y) = \Gamma(x)\Gamma(y)/\Gamma(x+y)$
$\mathbb{H}_n$	Heisenberg-Gruppe der Dimension $2n+1$, siehe S.15
$\mathfrak{h}_n$	Heisenberg-Algebra der Dimension $2n+1$, siehe S.15
$\mathbb{H}_{n,m}$	Heisenberg-Typ-Gruppe der Dimension $n+m$, siehe S.16
$\mathfrak{h}_{n,m}$	Heisenberg-Typ-Algebra der Dimension $n+m$, siehe S.16
Q	homogene Dimension von $\mathbb{H}_{n,m}$, $Q = n+2m$, siehe S.18
J_Z	$<J_Z U, V> \,=\, <[U,V],Z>$, siehe S.16
A_{ij}^k	$A_{ij}^k := <[X_i, X_j], Z_k>$, siehe S.19
δ_r	$\delta_r(x,z) = (rx, r^2 z)$, $\delta_r(X+Z) = rX + r^2 Z$, siehe S. 18
$S^{n,m}$	Koranyi-Sphäre der Dimension $n+m$, siehe S. 27
Σ^k	Euklidische Sphäre der Dimension $k+1$, siehe S. 27
$d\mu(\omega)$	Oberflächenmaß der Koranyi-Sphäre, siehe S. 27
$d\sigma_k(\eta)$	Oberflächenmaß der euklidischen Sphäre Σ^k
$\mathscr{X}_i$	$\frac{\partial}{\partial x_i} - \frac{1}{2}\sum_{j,k} A_{ij}^k x_j \frac{\partial}{\partial z_k}$ linksinv. Vektorfelder, siehe S.19
$\mathscr{Z}_i$	$\frac{\partial}{\partial z_i}$ linksinv. Vektorfelder, siehe S.19
Δ	Sub-Laplace-Operator, siehe S.20 f.
Δ^α	siehe S.22
R_i	i-te Rieztransformation, siehe S.40
$\mathscr{R}$	Vektor der Rieztransformationen, siehe S.43
$\mathscr{H}_y$	Hilberttransformation, siehe S.37
p_t	Wärmeleitungskern, siehe S.21

J_α	Besselfunktion, siehe S.21
W	$\Delta\left(\mathbb{C}_0^\infty(\mathbb{H}_{n,m})\right)$, siehe S.22
Ω_λ	Holomorphiebereich, siehe S.61
Ξ	Holomorphiebereich, siehe S.73
$I_{\nu,m}^\tau(\vartheta)$	siehe S.46
$\vartheta_0(\nu,m)$	$\vartheta_0(\nu,m) = \sqrt{0,9(m-2)/(\nu+1)}$, siehe S.56
$\vartheta_1(\nu,m)$	$\vartheta_1(\nu,m) = \sqrt{0,9\cdot m/\nu}$, siehe S.56
$e_{\nu,m}$	$(\nu+m+1/2)/(m-1)$, siehe S.46

Inhaltsverzeichnis

1	**Einleitung**	**9**
	1.1 Ziel dieser Arbeit	9
	1.2 Zur Historie des Problems	9
	1.3 Vorgehensweise und Ausblick auf die weiteren Kapitel	12
2	**Die Heisenberg-Typ Gruppen $\mathbb{H}_{n,m}$**	**15**
	2.1 Die Heisenberg-Gruppen $\mathbb{H}_n$	15
	2.2 Die Heisenberg-Typ-Gruppen $\mathbb{H}_{n,m}$	15
	2.3 Der Tangentialraum von $\mathbb{H}_{n,m}$	19
	2.4 Der Sub-Laplace-Operator auf $\mathbb{H}_{n,m}$	20
	2.5 Die Koranyi-Sphäre $S^{n,m}$	27
	2.6 Die Dimensionen der Stratifizierung von $\mathbb{H}_{n,m}$	32
3	**Der Vektor $\mathscr{R}$ der Riesz-Transformationen R_i**	**37**
	3.1 Die Hilberttransformation $\mathscr{H}_y$	37
	3.2 Die Riesz-Transformationen R_i und die Hilberttransformation $\mathscr{H}_y$	40
	3.3 Der Operator $\mathscr{R}$ und seine Operatornorm	43
	3.4 Nähere Berechnung von $\Phi_\kappa(\omega)$ und Reduktion auf die Komponenten	46
4	**Die Operatornorm des Vektors der Riesz-Transformationen**	**51**
	4.1 Das Hauptergebnis	51
	4.2 Eine hinreichende Bedingung an die Komponenten von $\Phi_\kappa(\omega)$	53
	4.3 Die Abschätzung der Komponenten von $\Phi_\kappa(\omega)$	56
	4.3.1 Das Integral $I_{\nu,m}^\tau(\vartheta)$ für $\vartheta \leq \vartheta_\tau(\nu,m)$	56
	4.3.2 Das Integral $I_{\nu,m}^\tau(\vartheta)$ für $\vartheta \geq \vartheta_\tau(\nu,m)$	60
	4.3.3 Abschätzungen von $I_{\nu,m}^\tau(\vartheta)$ für $\vartheta \geq \vartheta_\tau(\nu,m)$	80
	4.3.3.1 Der Fall m ungerade ($m \geq 3$)	80

	4.3.3.2 Der Fall m gerade ($m \geq 4$)	97
	4.3.3.3 Der Fall $m = 2$	103
4.3.4	Die Terme $||f^i_{\nu,m}(\kappa,\cdot)||^q_{L^q(d\mu(\omega))}$	106

A Anhang 110

A.1 Die e-Funktion und die Folge $\left(1 + \frac{x}{n}\right)^n$ 110

A.2 Einige nützliche Integrale 112

A.3 Die Hyperbelfunktionen 113

A.4 Trinomische Formel 114

A.5 Gaußsches Fehlerintegral 114

A.6 Die Stirlingsche Formel 114

A.7 Eine Abschätzung des Sinus 116

Kapitel 1

Einleitung

1.1 Ziel dieser Arbeit

Ziel dieser Arbeit ist der Beweis des folgenden Theorems:

Theorem 1.1 *Sei $p \in (1,\infty)$, $\mathbb{H}_{n,m}$ eine Heisenberg-Typ-Gruppe,*

$$\mathscr{R} = (\mathscr{X}_1 \Delta^{-\frac{1}{2}}, \ldots, \mathscr{X}_n \Delta^{-\frac{1}{2}})$$

der Vektor der Riesz-Transformationen auf $\mathbb{H}_{n,m}$. Es existiert eine von n und m unabhängige Konstante C_p so, dass für alle $f \in L^p(\mathbb{H}_{n,m})$ gilt:

$$C_p^{-1} e^{-0,45m} \|f\|_{L^p(\mathbb{H}_{n,m})} \leq \| |\mathscr{R}f| \|_{L^p(\mathbb{H}_{n,m})} \leq C_p e^{0,45m} \|f\|_{L^p(\mathbb{H}_{n,m})}.$$

1.2 Zur Historie des Problems

E.M. Stein bewies als erster in [S1] ein Theorem dieser Art für den Fall des $\mathbb{R}^n$. Definiert man nämlich die i-te Riesztransformierte $R_i f$ einer Funktion $f \in C_0^\infty(\mathbb{R}^n)$ durch

$$\widehat{R_i f}(\xi) = i \frac{\xi_j}{|\xi|} \hat{f}(\xi),$$

so folgt mit [S1], dass für jedes $p \in (1,\infty)$ eine Konstante C_p derart existiert, dass für alle $n \in \mathbb{N}$, $f \in L^p(\mathbb{R}^n)$ und den auf $L^p(\mathbb{R}^n)$ fortgesetzten und wieder mit R_i bezeichneten Operatoren gilt:

$$C_p^{-1} \|f\|_p \leq \left\| \left(\sum_{i=1}^n |R_i f|^2 \right)^{\frac{1}{2}} \right\|_p \leq C_p \|f\|_p,$$

Bemerkenswert an dieser Aussage ist nicht die Beschränktheit an sich, sondern die Dimensionsunabhängigkeit der Operatornorm der R_i und sogar des Vektors der Riesztransformationen (als sublinearer Operator). Steins Beweis beruht unter anderem auf der Dimensionsunabhängigkeit der Operatornorm des zentrierten Hardy-Littlewoodschen Maximaloperators. Nach diesem ersten Beweis von Stein wurden weitere gefunden, die anderer Natur waren wie z.b. stochastischer (siehe [B], [Be] und [G-V]) oder analytischer (siehe [D] und [P]). Die L^p-Beschränktheit der R_i wurde schon vor Steins Ergebnis von Meyer in [M1] nachgewiesen, allerdings ohne Beachtung der Abhängigkeit der Operatornorm von der Dimension des zugrundeliegenden Raumes. Zudem bewies er in [M2] ein zu dem von Stein ähnliches Resultat für die Situation, in der die Wärmeleitungshalbgruppe durch die Halbgruppe von D'Ornstein-Uhlenbeck ersetzt wurde.

Statt als Fouriermultiplikationsoperator kann man nun den Operator R_i auch folgendermaßen verstehen: definiert man $\Delta^{-1/2}$ über den Spektralsatz, so ist im Fall des (als Lie-Gruppe kommutativen) $\mathbb{R}^n$

$$R_i = \partial_i \Delta^{-\frac{1}{2}}.$$

(Diese Operatoren sind zuerst nur auf einer dichten Teilmenge von $C_0^\infty(\mathbb{R}^n)$ definiert.) Versucht man nun dieses Ergebnis auf den nichtkommutativen Fall zu übertragen, so bietet sich die Familie der Heisenberg-Gruppen $(\mathbb{H}_n)_{n \in \mathbb{N}}$ als natürlicher Kandidat an. Jede Heisenberg-Gruppe ist nämlich eine zweistufig nilpotente Lie-Gruppe mit eindimensionalem Zentrum, was bedeutet, dass falls zwei Elemente nicht miteinander kommutieren, so zumindest doch ihr Kommutator zentral ist. $\mathbb{H}_n$ ist als Menge $\mathbb{R}^{2n+1}$, ausgestattet mit dem Produkt

$$(x_1, y_1, \ldots, x_n, y_n, z)(x'_1, y'_1, \ldots, x'_n, y'_n, z') =$$
$$\left(x_1 + x'_1, y_1 + y'_1, \ldots, x_n + x'_n, y_n + y'_n, z + z' + \frac{1}{2} \sum_{i=1}^n (x'_i y_i - x_i y'_i) \right).$$

Linksinvariante Vektorfelder, die in jedem Punkt den Tangentialraum als Basis aufspannen, sind gegeben durch

$$\begin{aligned} \mathscr{X}_{2i-1} &= \partial_{x_i} + \tfrac{1}{2} y_i \partial_z, & \mathscr{X}_{2i} &= \partial_{y_i} - \tfrac{1}{2} x_i \partial_z, & \text{für } i \in \{1, \ldots, n\} \\ \mathscr{X} &= \partial_z. \end{aligned}$$

Dabei erfüllt die Menge der $\{\mathscr{X}_i | \ i \in \{1, \ldots, n\}\}$ die sogenannte „Hörmander-Bedingung", was bedeutet, dass die Menge selbst zusammen mit der Menge aller Kommutatoren beliebiger Ordnung ihrer Elemente in jedem Punkt eine Basis des Tangentialraums bildet. Allgemein kann man auf beliebigen Lie-Gruppen einen Sublaplace-Operator Δ als das Negative der Summe der Quadrate linksinvarianter Vektorfelder definieren, der, falls diese die Hörmander-Bedingung erfüllen, in den Eigenschaften wie wesentliche Selbstadjungiertheit und Hypoelliptizität mit dem euklidischen Laplace-Operator übereinstimmt. Mithilfe von Δ kann man dann auf diesen Lie-Gruppen -analog zum Fall des $\mathbb{R}^n$- Riesztransformationen R_i definieren durch

$$R_i := \mathscr{X}_i \Delta^{-\frac{1}{2}}$$

wobei $\Delta = -\sum_{i=1}^{n} \mathscr{X}_i^2$.

Bekannt war seit [L-V], dass die so definierten R_i und damit auch der Vektor der Riesztransformationen im Fall einer nilpotenten Lie-Gruppe beschränkte Operatoren von L^p nach L^p für $p \in (1, \infty)$ darstellen, es wurde jedoch nicht auf eine mögliche Abhängigkeit der Operatornorm von den auftretenden Dimensionen des zugrundeliegenden Raumes (Gesamtdimension sowie Dimension des Zentrums) eingegangen. T. Coulhon, D. Müller und J. Zienkiewicz sollten die ersten sein, die sich dieses Problems für die Heisenberg-Gruppen annahmen. Der Beweis von Stein [S1] zur Dimensionunabhängigkeit der Operatornorm des Vektors der Riesztransformationen auf dem $\mathbb{R}^n$ lässt sich allerdings nicht auf den Fall der Heisenberg-Gruppen übertragen. Deswegen nutzten die eben genannten Autoren in [C-M-Z] eine der nichtkommutativen Situation angepasste Idee, um folgendes Theorem zu zeigen:

Theorem 1.2 *Sei $p \in (1, \infty)$, $\mathbb{H}_n$ eine Heisenberg-Gruppe,*

$$\mathscr{R} = (\mathscr{X}_1 \Delta^{-\frac{1}{2}}, \ldots, \mathscr{X}_n \Delta^{-\frac{1}{2}})$$

der Vektor der Riesz-Transformationen auf $\mathbb{H}_n$. Es existiert eine von n unabhängige Konstante C_p so, dass für alle $f \in L^p(\mathbb{H}_n)$ gilt:

$$C_p^{-1} ||f||_{L^p(\mathbb{H}_n)} \leq || |\mathscr{R}f| ||_{L^p(\mathbb{H}_n)} \leq C_p ||f||_{L^p(\mathbb{H}_n)}.$$

Ihr Beweis führt die Berechnung der Operatornorm von $\mathscr{R}$ auf die von Hilberttransformationen in zweidimensionalen Untergruppen von $\mathbb{H}_n$ (siehe dazu [C]) sowie auf Abschätzungen von Integralen über Ableitungen des Wärmeleitungskernes p_t zurück. Hier geht stark die explizite Form von p_t ein, die von Gaveau [G] und Hulanicki [H] gegeben wurde.

Dies war also der erste Schritt in Richtung einer Übertragung des Ergebnisses von Stein in den nichtkommutativen Fall. Die Heisenberg-Gruppen haben jedoch immer ein eindimensionales Zentrum, so dass noch nichts über die Auswirkungen eines höherdimensionalen Zentrums der zugrundeliegenden Lie-Gruppe auf die Operatornorm des Vektors der Riesz-Transformationen und damit die Abhängigkeit der Operatornorm von den kennzeichnenden Dimensionen der Stratifizierung bekannt war.

Der nächste Schritt in diese Richtung wurde von F. Lust-Piquard gemacht. Sie befasste sich in [LP] mit dem Vektor der Riesz-Transformationen auf den sogenannten Heisenberg-Typ-Gruppen $\mathbb{H}_{n,m}$. Diese wurden von A. Kaplan in [K] eingeführt und stellen eine natürliche Verallgemeinerung der Heisenberg-Gruppen dar. Es handelt sich hierbei- wie auch bei den Heisenberg-Gruppen- um zweistufig nilpotente Lie-Gruppen, die jedoch ein höherdimensionales Zentrum besitzen können. Ist $\mathbb{H}_{n,m}$ eine Heisenberg-Typ-Gruppe der Dimension $n+m$, so bezeichnet n die Dimension der ersten Schicht der Stratifizierung, m die Dimension des Zentrums. Heisenberg-Typ-Gruppen treten z.b. als nilpotenter Anteil in der Iwasawa-Zerlegung $G = KAN$ von halbeinfachen Lie-Gruppen von reellem Rang 1 auf. F. Lust-Piquard bewies, dass die Operatornorm des Vektors der Riesz-Transformationen nicht von n abhängig ist. Über eine eventuelle Abhängigkeit von der Dimension des Zentrums konnte sie keine Aussage treffen. Ihr Beweis nutzt stark die Zerlegung der ersten Schicht der Stratifizierung in irreduzible Clifford-Moduln und damit die Tatsache, dass der Wärmeleitungskern in ein Faltungsprodukt von Wärmeleitungskernen auf Heisenberg-Typ-Gruppen „minimaler" (und nur von m abhängiger) Dimension zerfällt. Sie führt dann die Abschätzung der Operatornorm auf die Abschätzung einer Norm von Ableitungen ebendieser Wärmeleitungskerne zurück und erhält auf diese Weise die Unabhängigkeit von n. Ihr Beweis liefert aber keine expliziten Abschätzungen, so dass nicht klar war, ob und eventuell wie die Operatornorm des Vektors der Riesz-Transformationen von der Dimension des Zentrums abhängt.

1.3 Vorgehensweise und Ausblick auf die weiteren Kapitel

Der in dieser Arbeit vorliegende Beweis von Theorem 1.1 ist eine Ausdehnung der im Beweis in [C-M-Z] für den Fall der Heisenberg-Gruppen benutzten Methodik auf den Fall der Heisenberg-Typ-Gruppen. Die Zerlegung in Clifford-Moduln, die so fundamental in [LP] ist, wird in der Form nicht benötigt.
In Kapitel 2 werden die Heisenberg-Typ-Gruppen $\mathbb{H}_{n,m}$ (siehe Abschnitt 2.2) und der Sublaplace-Operator Δ (Abschnitt 2.4) definiert. Es werden zudem die benötigten Grundlagen wie Eigenschaften von Δ, der Wärmeleitungskern und Potenzen von Δ (Abschnitt 2.4) sowie Polarkoordinaten auf $\mathbb{H}_{n,m}$ (Abschnitt 2.5) bereitgestellt. Zusätzlich wird noch auf das Verhältnis der Dimensionen der Stratifizierung einer Heisenberg-Typ-Gruppe zueinander eingegangen, was für die weiteren Rechnungen von äußerster Wichtigkeit ist (Abschnitt 2.6). Dies ist einer der beiden Punkte, an denen die definierende Eigenschaft einer Heisenberg-Typ-Gruppe eingeht.
Kapitel 3 wird sich der Berechnung der folgenden Formel für die i-te Riesz-Transformierte $R_i f$ einer

Funktion $f \in \Delta\left(C_0^\infty(\mathbb{H}_{n,m})\right)$ widmen (siehe Lemma 3.8):

$$R_i f(x) = \frac{1}{2} \int_{\mathbb{H}_{n,m}} \mathscr{X}_i p_1(y) \mathscr{H}_y f(x) dy.$$

Hierbei bezeichnet $\mathscr{H}_y$ eine parabolische Hilberttransformation, p_1 den Wärmeleitungskern zum Zeitpunkt 1. Diese Formel wurde schon in [C-M-Z] gegeben. Sie beinhaltet zwei wesentliche Komponenten: zum einen die Hilberttransformation, zum anderen Ableitungen des Wärmeleitungskernes. Da (wie in [C-M-Z]) im späteren Beweis die dimensionsunabhängige Beschränktheit der Hilberttransformation gebraucht wird, wird dies in 3.2 bewiesen (ein allgemeineres Resultat dieser Art wurde schon in [C] gegeben). Zusätzlich wird in diesem Kapitel auf die zweite Komponente eingegangen: es werden Ableitungen des Wärmeleitungskernes berechnet und damit eine Funktion $\Phi_\kappa(\omega)$ definiert, deren Abschätzung den Hauptteil der Arbeit einnehmen wird. Dabei wird ab diesem Punkt zumeist angenommen, dass das Zentrum der betrachteten Heisenberg-Typ-Gruppe $\mathbb{H}_{n,m}$ die Dimension $m \geq 2$ hat. Dies ist ausreichend, da das Ergebnis für Heisenberg-Typ-Gruppen der Form $\mathbb{H}_{n,1}$ schon seit [C-M-Z] vorlag: die Existenz einer Heisenberg-Typ-Gruppe $\mathbb{H}_{n,1}$ bedingt, dass n gerade ist und die Isomorphie von $\mathbb{H}_{n,1}$ zur Heisenberg-Gruppe $\mathbb{H}_{n/2}$. Zudem wird mit Lemma 3.12 eine Methode bereitgestellt, um eine Abschätzung der Operatornorm des Vektors der Rieszabtransformationen zu erhalten. Diese verläuft bis auf eine Ausnahme bis zu einem gewissen Punkt parallel zum Beweis in [C-M-Z]. Dort wurde die Invarianz von Δ unter einer großen Gruppe von orthogonalen Transformationen ausgenutzt, diese ist aber für den Laplace-Operator auf Heisenberg-Typ-Gruppen im Allgemeinen nicht mehr gegeben (siehe [K-R]). Im späteren Beweis wird man aber sehen, dass dies nur eine Vereinfachung des Beweises von [C-M-Z] lieferte und keine Notwendigkeit darstellte. Jedoch wird auch hier die Heisenberg-Typ-Eigenschaft ausgenutzt.

Zu Beginn des 4. Kapitels wird dann mit Theorem 4.2 das Hauptergebnis präsentiert und unter der Annahme der Gültigkeit von Satz 4.1 bewiesen. Der Rest des Kapitels beschäftigt sich dann mit dem Beweis dieses Satzes. Dafür wird Satz 4.3 bereitgestellt, der die Gültigkeit von Satz 4.1 auf das Überprüfen gewisser Abschätzungen reduziert. Im Fall der Heisenberg-Gruppen wie auch beim vorliegenden Fall der Heisenberg-Typ-Gruppen gelangt man schließlich zur Abschätzung eines von einem Parameter ϑ abhängigen oszillierenden Integrals $I_{\nu,m}^\tau(\vartheta)$ (siehe die Sätze 3.15 und 4.3). Der größte Teil von Kapitel 4 wird sich dieser Abschätzung widmen. In $I_{\nu,m}^\tau(\vartheta)$ geht die Form des Wärmeleitungskernes auf $\mathbb{H}_{n,m}$ ein. Ähnlich wie schon in [C-M-Z] die relativ explizite Form des Wärmeleitungskernes aus [G] und [H] genutzt wurde, wird im hier betrachteten Fall der Heisenberg-Typ-Gruppen die von Randall in [Ra] gegebene Formel (siehe Lemma 2.11) für die auftretenden Rechnungen verwendet. Weniger explizite Formeln für den Wärmeleitungskern auf einer beliebigen zweistufig nilpotenten Lie-Gruppe wurden schon wesentlich früher von J. Cygan in [Cy] berechnet, jedoch erwies sich Randalls Formel als für die Berechnungen nützlicher. War eine für das gewünschte Ergebnis ausreichende Abschätzung von $I_{v,m}^\tau(\vartheta)$ bei [C-M-Z] noch durch einfache Anwendung des Cauchy-Integralsatzes möglich, so muss im Fall der Heisenberg-Typ-Gruppen subtiler herangegangen werden. Im Falle eines „kleinen" ϑ genügt noch das Anwenden der Dreiecksungleichung (also Abschätzen gegen das Integral über den Betrag), im Falle eines „großen" ϑ ist jedoch eine doppelte Anwendung des Cauchy-Integralsatzes über speziell gewählte Wege notwendig, da die naive Abschätzung einen Ausdruck mit einer Singularität liefert. Auf diese Weise erhält man eine neue Formel für das oszillierende Integral $I_{v,m}^\tau(\vartheta)$, bei der durch Dreiecksungleichung auf hinreichende Art abgeschätzt werden kann.

Kapitel 2

Die Heisenberg-Typ Gruppen $\mathbb{H}_{n,m}$

2.1 Die Heisenberg-Gruppen $\mathbb{H}_n$

Definition 2.1 (Heisenberg-Gruppen und -Algebren) Sei zu $n \in \mathbb{N}$ der $\mathbb{R}^{2n+1}$ ausgestattet mit der folgenden Multiplikation:

$$(x_1,y_1,\ldots,x_n,y_n,z)(x'_1,y'_1,\ldots,x'_n,y'_n,z') = \left(x_1+x'_1, y_1+y'_1, \ldots, x_n+x'_n, y_n+y'_n, z+z'+\frac{1}{2}\sum_{i=1}^n (x'_i y_i - x_i y'_i)\right).$$

Der $\mathbb{R}^{2n+1}$ bildet dann zusammen mit dieser Multiplikation eine Lie-Gruppe, die mit $\mathbb{H}_n$ bezeichnet und Heisenberg-Gruppe genannt wird.

Die mit $\mathfrak{h}_n$ bezeichnete Lie-Algebra einer Heisenberg-Gruppe $\mathbb{H}_n$ wird von den linksinvarianten Vektorfeldern

$$\begin{aligned}\mathscr{X}_{2i-1} &= \partial_{x_i} + \tfrac{1}{2} y_i \partial_z, & \mathscr{X}_{2i} &= \partial_{y_i} - \tfrac{1}{2} x_i \partial_z, & \text{für } i \in \{1,\ldots,n\} \\ \mathscr{Z} &= \partial_z \end{aligned}$$

aufgespannt. Es gelten dort die folgenden Kommutatorbeziehungen:

$$[\mathscr{X}_{2i}, \mathscr{X}_{2i-1}] = \mathscr{Z} \qquad \text{für } i \in \{1,\ldots,n\},$$

und alle anderen Kommutatoren verschwinden.

2.2 Die Heisenberg-Typ-Gruppen $\mathbb{H}_{n,m}$

Die Heisenberg-Gruppe ist die einfachste zweistufig nilpotente Lie-Gruppe in der Hinsicht, dass das Zentrum eindimensional ist. Im Folgenden wird eine „Verallgemeinerung" dieses einfachsten Typs gegeben.

Definition 2.2 (Heisenberg-Typ-Gruppen und -Algebren) Seien $n, m \in \mathbb{N}$. Sei $V = \mathfrak{v} \oplus \mathfrak{z}$ ein Vektorraum derart, dass $\mathfrak{v}$ ein reeller Vektorraum der Dimension n, $\mathfrak{z}$ ein reeller Vektorraum der Dimension m ist, und $\beta : \mathfrak{v} \times \mathfrak{v} \to \mathfrak{z}$ eine schiefsymmetrische bilineare Abbildung. Auf der direkten Summe $\mathfrak{v} \oplus \mathfrak{z}$ sei ferner ein Skalarprodukt $< \cdot , \cdot >$ mit $< \mathfrak{v}, \mathfrak{z} >= \{0\}$ gegeben, also so, dass $\mathfrak{v}$ und $\mathfrak{z}$ aufeinander senkrecht stehen. Auf $\mathfrak{v} \oplus \mathfrak{z}$ ist eine Lie-Klammer gegeben durch

$$[U+Z, V+Z'] := \beta(U,V)$$

für alle $U, V \in \mathfrak{v}$, $Z, Z' \in \mathfrak{z}$. Es ist nämlich unmittelbar klar, dass $[\cdot, \cdot]$ schiefsymmetrisch und bilinear ist, und da $\beta : \mathfrak{v} \times \mathfrak{v} \to \mathfrak{z}$, gilt für $U, V, W \in \mathfrak{v}$, $Z, Z', Z'' \in \mathfrak{z}$:

$$[U+Z, [V+Z', W+Z'']] = [U+Z, \beta(V,W)] = \beta(U,0) = 0$$

und damit die Jacobi-Identität. Auf diese Weise ist also

$$(\mathfrak{v} \oplus \mathfrak{z}, +, [\cdot, \cdot])$$

eine Lie-Algebra, die offensichtlich zweistufig nilpotent ist, falls $\beta \neq 0$ ist.

Auf natürliche Weise ist zudem ein Vektorraum-Homomorphismus $J : \mathfrak{z} \to End(\mathfrak{v})$, $Z \mapsto J_Z$ gegeben durch die folgende Definition von J_Z:

$$< J_Z U, V > := < \beta(U,V), Z >$$

für alle $U, V \in \mathfrak{v}$.

Gilt nun für alle $Z \in \mathfrak{z}$, dass

$$J_Z^2 = - <Z,Z> id_\mathfrak{v}, \tag{2.1}$$

so heisse die Lie-Algebra

$$\mathfrak{h}_{n,m} := (\mathfrak{v} \oplus \mathfrak{z}, +, [\cdot, \cdot])$$

vom Heisenberg-Typ oder verallgemeinerte Heisenberg-Algebra.

Die Bezeichnung $\mathfrak{h}_{n,m}$ besagt nicht alles über die Lie-Algebren-Struktur. So kann es nicht isomorphe Lie-Algebren-Strukturen bei gleicher Gesamt-und Zentrumsdimension geben. Siehe dazu [LP]. Eine zusammenhängende, einfach zusammenhängende Lie-Gruppe heiße Heisenberg-Typ-Gruppe und wird mit $\mathbb{H}_{n,m}$ bezeichnet, falls ihre Lie-Algebra eine Heisenberg-Typ-Algebra $\mathfrak{h}_{n,m}$ ist.

Bemerkung 2.3 *(i)*: Es gilt $[\mathfrak{v}, \mathfrak{v}] = \mathfrak{z}$. $[\mathfrak{v}, \mathfrak{v}] \subset \mathfrak{z}$ ist trivial, die andere Inklusion folgt aus der Regularität der J_Z.

(ii): Aufgrund der Definition der J_Z ist klar, dass J_Z stets schiefsymmetrisch ist. Ist $<Z,Z>=1$, so

folgt aus (2.1), dass dann J_Z sogar immer orthogonal ist.

(*iii*): Ist $\mathfrak{h}_{n,m}$ ($\mathbb{H}_{n,m}$) eine Heisenberg-Typ-Algebra (Heisenberg-Typ-Gruppe), so ist stets n eine gerade Zahl, das heißt $n = 2\nu$ für ein $\nu \in \mathbb{N}$. Dies folgt sofort aus der Schiefsymmetrie und Regularität der J_Z. In Abschnitt 2.6 wird weiter auf das Verhältnis der Zahlen n und m zueinander eingegangen.

Die Namensgebung Heisenberg-Typ-Algebren/Heisenberg-Typ-Gruppen ist natürlich, da es sich bei Heisenberg-Gruppen (bzw. Heisenberg-Algebren) auch tatsächlich um Heisenberg-Typ-Gruppen (bzw. Heisenberg-Typ-Algebren) handelt, wie das folgende Lemma zeigt:

Lemma 2.4 *Heisenberg-Algebren sind Heisenberg-Typ-Algebren.*

Beweis: Sei $\mathfrak{h}_n = \mathfrak{v} \oplus \mathfrak{z}$ eine Heisenberg-Algebra. Im Folgenden wird $\mathfrak{v}$ mit dem $\mathbb{R}^{2n}$ identifiziert, $\mathfrak{z}$ mit $\mathbb{R}$. Fasst man den Kommutator $[\cdot,\cdot]$ auf $\mathfrak{h}_n$ als Abbildung von $\mathbb{R}^{2n} \times \mathbb{R}^{2n} \to \mathbb{R}$ auf, so wird dieser offensichtlich vermittelt durch

$$B := \begin{pmatrix} J & 0 & \cdots & \cdots & 0 \\ 0 & J & 0 & \cdots & 0 \\ \vdots & 0 & \ddots & & \vdots \\ \vdots & \vdots & & \ddots & 0 \\ 0 & 0 & \cdots & 0 & J \end{pmatrix} \Bigg\} 2n,$$

wobei

$$J := \begin{pmatrix} 0 & -1 \\ 1 & 0 \end{pmatrix}.$$

Dann folgt aber sofort wegen $B^2 = -\mathbf{I}_{\mathbb{R}^{2n}}$ für alle $Z \in \mathfrak{z}$, dass

$$J_Z^2 = - <Z,Z> id_\mathfrak{v}.$$

Damit ist also jede Heisenberg-Algebra eine Heisenberg-Typ-Algebra. $\square$

Bemerkung 2.5 (*i*): Ist $\mathfrak{h}_{n,1}$ eine Heisenberg-Typ-Algebra, so ist n gerade und $\mathfrak{h}_{n,1}$ ist isomorph zur Heisenberg-Algebra $\mathfrak{h}_{n/2}$.

(*ii*): Im Folgenden wird stets eine Orthonormalbasis zum gegebenen Skalarprodukt gewählt sein. Ferner wird in Koordinaten (u,z) gerechnet.

(*iii*): Versieht man $V = \mathfrak{v} \oplus \mathfrak{z}$ mit dem Baker-Campbell-Hausdorff-Produkt, so ist auf $\mathbb{H}_{n,m}$ eine Realisierung der Multiplikation gegeben durch

$$(u,z) \cdot (u',z') = (u,z) + (u',z') + \frac{1}{2}[(u,z),(u',z')].$$

(*iv*): Da die Lie-Gruppe $\mathbb{H}_{n,m}$ zweistufig nilpotent ist, kann als Haar-Maß $d(u,z)$ das Lebesgue-Maß, das vermöge des durch $<\cdot,\cdot>$ gegebenen Volumenelementes induziert wird, gewählt werden (siehe z.B. [C-G]). Insbesondere ist $\mathbb{H}_{n,m}$ unimodular.

(*v*): Eine Gruppe von Automorphismen, die Dilatationen $\{\delta_t|\ t \neq 0\}$, ist auf der Lie-Algebra $\mathfrak{h}_{n,m}$ gegeben durch

$$\delta_t(X+Z) := tX + t^2 Z,$$

für alle $X \in \mathfrak{v}$, $Z \in \mathfrak{z}$. Entsprechend definiert man auf der Lie-Gruppe $\mathbb{H}_{n,m}$ die Dilatationen durch

$$\delta_t(u,z) := (tu, t^2 z).$$

(*vi*): Mit $Q := n + 2m$ bezeichnet man die sogenannte homogene Dimension von $\mathbb{H}_{n,m}$. Es gilt dann für den push-forward des Haar-Maßes $d(u,z)$ unter den Dilatationen δ_t:

$$(\delta_t)_* d(u,z) = t^{-Q} d(u,z).$$

(*vii*): Sind $f, g \in L^1(\mathbb{H}_{n,m})$, so ist die Faltung auf $\mathbb{H}_{n,m}$ definiert durch

$$f * g(x) := \int_{\mathbb{H}_{n,m}} f(y) g(y^{-1}x) dy.$$

Da das Lebesgue-Maß unimodular ist, zeigt eine einfache Substitution, dass dann auch

$$f * g(x) = \int_{\mathbb{H}_{n,m}} f(xy^{-1}) g(y) dy.$$

Definition 2.6 Sei $M := \{f | f : \mathbb{H}_{n,m} \to (\mathbb{C} \cup \{\infty\})^n, f \text{ messbar}\}$. Für $p \in [1, \infty)$ definieren wir folgende Funktionenräume:

$$\mathscr{L}^p\left(\mathbb{H}_{n,m}, l_n^2\right) := \left\{ f \in M \,\bigg|\, \int_{\mathbb{H}_{n,m}} \|f(x)\|_{l_n^2}^p dx < \infty \right\}.$$

$\mathscr{L}^p\left(\mathbb{H}_{n,m}, l_n^2\right)$ besitzt die folgende Halbnorm:

$$\|f\|_{L^p(\mathbb{H}_{n,m}, l_n^2)} := \left(\int_{\mathbb{H}_{n,m}} \|f(x)\|_{l_n^2}^p dx \right)^{\frac{1}{p}}.$$

Mit $\mathscr{N} := \left\{ f \in \mathscr{L}^p\left(\mathbb{H}_{n,m}, l_n^2\right) \,\big|\, \|f\|_{L^p(\mathbb{H}_{n,m}, l_n^2)} = 0 \right\}$ sei

$$L^p\left(\mathbb{H}_{n,m}, l_n^2\right) := \mathscr{L}^p\left(\mathbb{H}_{n,m}, l_n^2\right) / \mathscr{N}$$

ausgestattet mit der Quotientennorm

$$\|f + \mathscr{N}\|_{L^p(\mathbb{H}_{n,m}, l_n^2)} := \|f\|_{L^p(\mathbb{H}_{n,m}, l_n^2)}.$$

Bemerkung 2.7 Sei $p \in (1, \infty)$, q der zu p konjugierte Exponent ($1/p + 1/q = 1$). Offensichtlich gilt dann für den Dualraum von $L^p\left(\mathbb{H}_{n,m}, l_n^2\right)$

$$\left(L^p\left(\mathbb{H}_{n,m}, l_n^2\right)\right)' = L^q\left(\mathbb{H}_{n,m}, l_n^2\right).$$

2.3 Der Tangentialraum von $\mathbb{H}_{n,m}$

Lemma 2.8 *Sei $\{X_i|\ i=1,\ldots,n\}\cup\{Z_i|\ i=1,\ldots,m\}$ eine Orthonormalbasis der Lie-Algebra $\mathfrak{h}_{n,m}$. Linksinvariante Vektorfelder, die in jedem Punkt $p=(u,z)\in\mathbb{H}_{n,m}$ als Basis den Tangentialraum $T_p\mathbb{H}_{n,m}$ aufspannen, sind gegeben durch*

$$\mathscr{X}_i := \frac{\partial}{\partial u_i} - \frac{1}{2}\sum_{j,k} A_{ij}^k u_j \frac{\partial}{\partial z_k}, \qquad 1\leq i\leq n,$$

$$\mathscr{Z}_i := \frac{\partial}{\partial z_i} \qquad\qquad\qquad 1\leq i\leq m,$$

wobei

$$A_{ij}^k := <[X_i,X_j],Z_k>.$$

Beweis: In der folgenden Rechnung sei $\mathbb{H}_{n,m}$ mittels der Orthonormalbasis des $\mathbb{R}^{n+m}$ durch $e_i := X_i$ für $i=1,\ldots,n$, $e_{i+n} := Z_i$ für $i=1,\ldots,m$ identifiziert. Eine Basis des Tangentialraumes $T_p\mathbb{H}_{n,m}$ ist dann durch folgende Abbildungsvorschrift gegeben: für $f\in C^\infty(\mathbb{H}_{n,m})$ sei

$$\mathscr{X}_i(p)f := \left.\tfrac{d}{dt}\right|_{t=0} f(p\cdot te_i) \qquad 1\leq i\leq n,$$

$$\mathscr{Z}_i(p)f := \left.\tfrac{d}{dt}\right|_{t=0} f(p\cdot te_{i+n}) \qquad 1\leq i\leq m.$$

Ausrechnen ergibt für $1\leq i\leq n$:

$$\begin{aligned}
\mathscr{X}_i(p)f &= \left.\frac{d}{dt}\right|_{t=0} f(p\cdot te_i) \\
&= \left.\frac{d}{dt}\right|_{t=0} f\left((u,z)+te_i+\frac{t}{2}[(u,0),e_i]\right) \\
&= <\nabla f(p), e_i + \frac{1}{2}[(u,0),e_i]> \\
&= <\nabla f(p), e_i + \frac{1}{2}\sum_{j=1}^n u_j[e_j,e_i]> \\
&= <\nabla f(p), e_i + \frac{1}{2}\sum_{j=1}^n\sum_{k=1}^m u_j <[e_j,e_i],e_{k+n}> e_{k+n}> \\
&= <\nabla f(p), e_i - \frac{1}{2}\sum_{j,k} A_{ij}^k u_j e_{k+n}> \\
&= \frac{\partial}{\partial u_i}f(p) - \frac{1}{2}\sum_{j,k} A_{ij}^k u_j \frac{\partial}{\partial z_k}f(p),
\end{aligned}$$

also

$$\mathscr{X}_i = \frac{\partial}{\partial u_l} - \frac{1}{2}\sum_{j,k} A_{ij}^k u_j \frac{\partial}{\partial z_k}.$$

Für $1 \leq i \leq m$ gilt punktweise:

$$\begin{aligned}
\mathscr{Z}_i(p)f &= \left.\frac{d}{dt}\right|_{t=0} f(p \cdot te_{i+n}) \\
&= \left.\frac{d}{dt}\right|_{t=0} f\left((u,z) + te_{i+n} + \frac{t}{2}[(u,0), e_{i+n}]\right) \\
&= \left.\frac{d}{dt}\right|_{t=0} f((u,z) + te_{i+n}) \\
&= \frac{\partial}{\partial z_i} f(p),
\end{aligned}$$

und damit

$$\mathscr{Z}_i = \frac{\partial}{\partial z_i}.$$

□

2.4 Der Sub-Laplace-Operator auf $\mathbb{H}_{n,m}$

Definition 2.9 (Sub-Laplace-Operator) Sei $\mathbb{H}_{n,m}$ eine Heisenberg-Typ-Gruppe, $\{\mathscr{X}_1, \ldots, \mathscr{X}_n\}$ das System linksinvarianter linear unabhängiger Vektorfelder aus Lemma 2.8. Der Sub-Laplace-Operator Δ auf $\mathbb{H}_{n,m}$ sei dann folgendermaßen definiert:

$$\Delta := -\sum_{i=1}^{n} \mathscr{X}_i^2.$$

Δ ist offensichtlich auf $C_0^{\infty}(\mathbb{H}_{n,m})$ wohldefiniert.

Δ spielt eine ähnliche Rolle für die Heisenberg-Typ-Gruppen wie der Laplace-Operator auf dem $\mathbb{R}^n$. Dies zeigt die folgende Bemerkung, die ein paar der wesentlichen Eigenschaften zusammenstellt:

Bemerkung 2.10 (i): Δ ist in $L^2(\mathbb{H}_{n,m})$ ein wesentlich selbstadjungierter Operator. Betrachtet man Δ nämlich auf dem ursprünglichen Definitionsbereich $C_0^{\infty}(\mathbb{H}_{n,m})$, so ergibt der Abschluss des Graphen von Δ einen in $L^2(\mathbb{H}_{n,m})$ dicht definierten selbstadjungierten Operator, der wieder mit Δ bezeichnet werden soll. Für den Beweis siehe [St].

(ii): Δ ist nicht-negativ und hypoelliptisch. Mit (i) ergibt sich somit, dass das L^2-Spektrum von Δ, das mit $\sigma(\Delta)$ bezeichnet wird, in $[0, \infty)$ enthalten ist. 0 liegt im Spektrum, ist aber kein Eigenwert. Siehe dazu [F].

(iii): Es existiert eine eindeutige Halbgruppe $\{H_t | t > 0\}$ von linearen Operatoren auf $L^1 + L^{\infty}$, deren

L^p-Erzeuger Δ_p für $1 \le p < \infty$ auf C_0^∞ mit Δ übereinstimmt und die durch Rechtsfaltung mit Wahrscheinlichkeitsmaßen p_t gegeben ist, $H_t f = f * p_t$. Die p_t heißen Wärmeleitungskerne und haben die zusätzliche Eigenschaft, glatte Funktionen zu sein. Auf L^∞ kann dann H_t durch eben diese Faltungsoperatoren definiert werden. Da Δ_p der die Halbgruppe H_t erzeugende Operator ist und $\Delta_p f = \Delta f$ für $f \in C_0^\infty$, wird H_t auch mit $e^{-t\Delta}$ bezeichnet und stimmt mit dem über den Spektralsatz definierten Operator $e^{-t\Delta}$ überein. Dies wird in [F] bewiesen.

Lemma 2.11 *Der Wärmeleitungskern p_t (siehe Bemerkung 2.10) zum Sub-Laplace-Operator Δ auf einer Heisenberg-Typ-Gruppe $\mathbb{H}_{n,m}$ ist für $t > 0$ gegeben durch*

$$p_t(u,z) = \frac{c_{v,m}}{|z|^{\frac{m}{2}-1}} \int_0^\infty \frac{\lambda^{v+\frac{m}{2}}}{(\sinh t\lambda)^v} J_{\frac{m}{2}-1}(\lambda|z|) \exp\left(\frac{-|u|^2\lambda}{4\tanh t\lambda}\right) d\lambda,$$

wobei

$$c_{v,m} := (2\pi)^{-\frac{m}{2}-v} 2^{-v}$$

und $J_{m/2-1}$ die Besselfunktion zum Index $m/2 - 1$ ist. Gilt $m \ge 2$, so ist für $r \in \mathbb{R}_{\ge 0}$

$$J_{\frac{m}{2}-1}(r) = \frac{2^{-(\frac{m}{2}-1)} r^{\frac{m}{2}-1}}{\Gamma\left(\frac{m}{2} - \frac{1}{2}\right) \pi^{\frac{1}{2}}} \int_{-1}^1 e^{irt} (1-t^2)^{\frac{m-3}{2}} dt.$$

Ist $m = 1$, so stimmt der Wärmeleitungskern auf $\mathbb{H}_{n,m}$ mit dem der Heisenberg-Gruppe $\mathbb{H}_{n/2}$ überein. Desweiteren gilt für $t > 0$

$$p_{t^2}(u,z) = t^{-Q} p_1(\delta_t^{-1}(u,z)). \tag{2.2}$$

Beweis: Die explizite Form des Wärmeleitungskernes wird in [Ra] bewiesen. Für die Formel der Besselfunktion siehe [S2]. Aus der Homogenität des Sub-Laplace-Operators kann man die Formel (2.2) leicht herleiten, aber auch eine einfache Substitution liefert das gewünschte Ergebnis über die Homogenität des Wärmeleitungskernes p_t in t. □

Lemma 2.12 *Für alle $t > 0$, $f \in C_0^\infty(\mathbb{H}_{n,m})$, $x \in \mathbb{H}_{n,m}$ gilt:*

$$f * p_{t^2}(x) = (f \circ \delta_t) * p_1(\delta_t^{-1}(x)).$$

Beweis: Mit Lemma 2.11 folgt für $t > 0$, $f \in C_0^\infty(\mathbb{H}_{n,m})$, $x \in \mathbb{H}_{n,m}$:

$$\begin{aligned}
f * p_{t^2}(x) &= t^{-Q} f * \left(p_1 \circ \delta_t^{-1}\right)(x) \\
&= t^{-Q} \int_{\mathbb{H}_{n,m}} f(y)(p_1 \circ \delta_t^{-1})(y^{-1}x) dy
\end{aligned}$$

$$= t^{-Q} \int_{\mathbb{H}_{n,m}} f(y) p_1(\delta_t^{-1}(y^{-1})\delta_t^{-1}(x)) dy$$

$$= \int_{\mathbb{H}_{n,m}} f(\delta_t(y)) p_1(y^{-1}\delta_t^{-1}(x)) dy$$

$$= (f \circ \delta_t) * p_1(\delta_t^{-1}(x)).$$

$\square$

Bemerkung 2.13 Mit Lemma 2.12 und Bemerkung 2.10 folgt dann also für alle $t > 0$, $f \in C_0^\infty(\mathbb{H}_{n,m})$:

$$e^{-t^2\Delta} f = (e^{-\Delta}(f \circ \delta_t)) \circ \delta_t^{-1}.$$

Definition 2.14 Sei $E : \mathscr{B}([0,\infty)) \to L(L^2(\mathbb{H}_{n,m}))$ das Spektralmaß zu Δ so, dass $\Delta = \int_0^\infty \lambda dE(\lambda)$. Da 0 nach Bemerkung 2.10 kein Eigenwert ist, gilt nach [Ru1] (Theorem 12.29), dass $E(\{0\}) = 0$ ist. Damit ist für jedes $\alpha \in \mathbb{C}$ in der Definition von Δ^α die Setzung von $0^\alpha := 0$ möglich. Die Funktion $\lambda \mapsto \lambda^\alpha$ ist dann eine E-Borelmessbare komplexwertige Funktion auf $\sigma(\Delta) = [0,\infty)$ (siehe dazu [D-S]). Es ist also

$$\Delta^\alpha := \int_0^\infty \lambda^\alpha dE(\lambda)$$

ein wohldefinierter abgeschlossener Operator auf dem maximalen Definitionsbereich

$$\mathscr{D}(\Delta^\alpha) = \left\{ f \in L^2(\mathbb{H}_{n,m}) \,\bigg|\, \int_0^\infty |\lambda^\alpha|^2 dE_{f,f}(\lambda) < \infty \right\}.$$

Lemma 2.15 *Seien $\alpha, \beta \in \mathbb{C}$. Dann gilt:*
(i): falls $f \in \mathscr{D}(\Delta^\beta) \cap \mathscr{D}(\Delta^{\alpha+\beta})$ so folgt $\Delta^\beta f \in \mathscr{D}(\Delta^\alpha)$ und $\Delta^\alpha \Delta^\beta f = \Delta^{\alpha+\beta} f$.
(ii): falls $f \in \mathscr{D}(\Delta^\alpha) \cap \mathscr{D}(\Delta^\beta)$ und $\mathfrak{Re}(\alpha) < \mathfrak{Re}(\beta)$, so folgt $f \in \mathscr{D}(\Delta^\gamma)$ für alle $\gamma \in \mathbb{C}$ mit $\mathfrak{Re}(\alpha) \leq \mathfrak{Re}(\gamma) \leq \mathfrak{Re}(\beta)$.

Beweis: Siehe [F] sowie [Ko]. $\square$

Definition 2.16 Ist $\mathbb{H}_{n,m}$ eine Heisenberg-Typ-Gruppe, so bezeichne W den Raum

$$W := \Delta(C_0^\infty(\mathbb{H}_{n,m})).$$

Wie das folgende Lemma zeigt, ist W ein Core zu $\Delta^{-1/2}$.

Lemma 2.17 *Sei $p \in (1,\infty)$. Es gelten die folgenden Aussagen:*
(i): $W \subset C_0^\infty(\mathbb{H}_{n,m})$,

(*ii*): W ist ein bezüglich der L^p-Norm dichter Teilraum von $L^p(\mathbb{H}_{n,m})$,

(*iii*): $W \subset \mathscr{D}(\Delta^{-\frac{1}{2}}\Delta\Delta^{-\frac{1}{2}})$, und in $L^2(\mathbb{H}_{n,m})$ ist

$$\Delta^{-\frac{1}{2}}\Delta\Delta^{-\frac{1}{2}}f = f$$

für alle $f \in W$.

Beweis: $W \subset C_0^\infty(\mathbb{H}_{n,m})$ gilt trivialerweise, und nach [F] gilt die Dichtheit in $L^p(\mathbb{H}_{n,m})$ bezüglich der L^p-Norm, also (*i*) und (*ii*).

Insbesondere gilt also $W \subset \mathscr{D}(\Delta)$. Ist $f \in W$, also $f = \Delta g$ für ein $g \in C_0^\infty \subset \mathscr{D}(\Delta) \cap \mathscr{D}(\Delta^0)$, so folgt ferner mit Lemma 2.15, dass $\Delta g \in \mathscr{D}(\Delta^{-1})$ und damit $f \in \mathscr{D}(\Delta^{-1})$. Es ist also

$$W \subset \mathscr{D}(\Delta) \cap \mathscr{D}(\Delta^{-1}).$$

Nach Lemma 2.15 (*ii*) gilt dann

$$W \subset \mathscr{D}(\Delta^{\frac{1}{2}}) \cap \mathscr{D}(\Delta^{-\frac{1}{2}}). \tag{2.3}$$

Lemma 2.15 (*i*) impliziert jetzt folgendes: Ist $f \in W$, so folgt aus $f \in \mathscr{D}(\Delta^{\frac{1}{2}}) \cap \mathscr{D}(\Delta^{\frac{1}{2}-\frac{1}{2}})$, dass

$$\Delta^{\frac{1}{2}}f \in \mathscr{D}(\Delta^{-\frac{1}{2}}) \quad \text{und} \quad \Delta^{-\frac{1}{2}}\Delta^{\frac{1}{2}}f = f. \tag{2.4}$$

Aus $f \in \mathscr{D}(\Delta^{-\frac{1}{2}}) \cap \mathscr{D}(\Delta^{-\frac{1}{2}+1})$ folgt

$$\Delta^{-\frac{1}{2}}f \in \mathscr{D}(\Delta) \quad \text{und} \quad \Delta\Delta^{-\frac{1}{2}}f = \Delta^{\frac{1}{2}}f. \tag{2.5}$$

Aus (2.4) und (2.5) folgt dann für alle $f \in W$

$$f = \Delta^{-\frac{1}{2}}\Delta^{\frac{1}{2}}f = \Delta^{-\frac{1}{2}}\Delta\Delta^{-\frac{1}{2}}f.$$

$\square$

Lemma 2.18 *Für alle $f \in W$ (siehe Definition 2.16) gilt: es existiert ein L^2-Repräsentant $h \in C^\infty(\mathbb{H}_{n,m})$ von $\Delta^{-1/2}f$, für alle $x \in \mathbb{H}_{n,m}$ ist der Term $\int_0^\infty f * p_{t^2}(x)dt$ wohldefiniert, und*

$$h(x) = \frac{2}{\sqrt{\pi}}\int_0^\infty f * p_{t^2}(x)dt. \tag{2.6}$$

Beweis: Sei $f \in W$. Da $W \subset C_0^\infty$, gilt $f \in \mathscr{D}(\Delta^k)$ für alle $k \in \mathbb{N}$. Es gilt also $f \in \mathscr{D}(\Delta^0) \cap \mathscr{D}(\Delta^k)$ und mit Lemma 2.15: $f \in \mathscr{D}(\Delta^\alpha)$ für alle $0 \leq \alpha \leq k$, also insbesondere $f \in \mathscr{D}(\Delta^{k-1/2})$. Da nach (2.3) gilt: $f \in \mathscr{D}(\Delta^{-1/2})$, folgt wiederum mit Lemma 2.15: $\Delta^{-1/2}f \in \mathscr{D}(\Delta^k)$ für alle $k \in \mathbb{N}_0$. Nach [S] gilt dann:

$$\sum_{|\beta| \leq k} \|D^\beta \Delta^{-1/2}f\|_2 < \infty$$

und mit dem Sobolevschen Einbettungssatz folgt die Existenz eines Repräsentanten h von $\Delta^{-1/2}f$ in $C^\infty(\mathbb{H}_{n,m})$.

Nun soll der rechtsseitige Ausdruck in (2.6) betrachtet werden. Es gilt für alle $x \in \mathbb{H}_{n,m}$:

$$p_1(x) = p_{\frac{1}{2}} * p_{\frac{1}{2}}(x) = \int_{\mathbb{H}_{n,m}} p_{\frac{1}{2}}(y) p_{\frac{1}{2}}(y^{-1}x) dy \leq \|p_{\frac{1}{2}}\|_2^2 = p_1(0),$$

und mit (2.2) folgt sofort für alle $t > 0$:

$$p_t(x) = t^{-\frac{Q}{2}} p_1\left(\delta_{\frac{1}{\sqrt{t}}}^{-1}(x)\right) \leq t^{-\frac{Q}{2}} p_1(0).$$

Damit ist

$$|f * p_t(x)| \leq C\|f\|_1 t^{-\frac{Q}{2}}. \tag{2.7}$$

Für alle $t > 0$ und $x \in \mathbb{H}_{n,m}$ gilt weiterhin wegen $\|p_t\|_1 = 1$, dass

$$|f * p_t(x)| \leq \|f\|_\infty. \tag{2.8}$$

Da außerdem die Funktion $t \mapsto f * p_t(x)$ nach t auf $(0,\infty)$ differenzierbar ist, existiert für alle $1 > \varepsilon > 0, N \in \mathbb{N}$

$$\frac{1}{2}\int_{\varepsilon^2}^{N^2} f * p_t(x) t^{-\frac{1}{2}} dt = \int_\varepsilon^N f * p_{t^2}(x) dt.$$

Es folgt:

$$\begin{aligned}\left|\int_\varepsilon^N f * p_{t^2}(x) dt\right| &\leq \int_\varepsilon^1 |f * p_{t^2}(x)| dt + \int_1^N |f * p_{t^2}(x)| dt \\ &\leq \|f\|_\infty + C\|f\|_1 \int_1^N t^{-Q} dt \\ &= \|f\|_\infty + C\|f\|_1 \frac{1 - N^{-Q+1}}{Q-1}.\end{aligned}$$

Dieser Ausdruck konvergiert für $N \to \infty$, und damit existiert

$$\int_0^\infty f * p_{t^2}(x) dt.$$

Sei nun zusätzlich $g \in W$. Dann gilt mit dem Spektralsatz (siehe [D-S]):

$$\begin{aligned}<\Delta^{-\frac{1}{2}}f, g> &= \int_0^\infty \lambda^{-\frac{1}{2}} dE_{f,g}(\lambda) \\ &= \frac{2}{\sqrt{\pi}} \int_0^\infty \int_0^\infty e^{-t^2\lambda} dt dE_{f,g}(\lambda).\end{aligned}$$

Als nächstes soll die Integrationsreihenfolge vertauscht werden, was möglich ist, falls das letzte Doppelintegral absolut konvergiert (siehe dazu [Ru2], Theorem 6.12 und [El], Satz 2.1). Dies ist aber wegen $e^{-t^2\lambda} > 0$ genau dann der Fall, wenn das Integral

$$\int_0^\infty \lambda^{-\frac{1}{2}} dE_{f,g}(\lambda) \tag{2.9}$$

absolut konvergent ist, d.h. wenn mit der Variation $|E_{f,g}|$ des komplexen Maßes $E_{f,g}$ gilt:

$$\int_0^\infty \lambda^{-\frac{1}{2}} d|E_{f,g}|(\lambda) < \infty.$$

Die Variation von $E_{f,g}$ ist folgendermaßen definiert (siehe [El]): für $A \in \mathscr{B}([0,\infty))$ ist

$$|E_{f,g}|(A) := \sup\left\{ \sum_{j=1}^\infty |E_{f,g}(A_j)| \,\Big|\, A_j \in \mathscr{B}([0,\infty)), A = \overset{\circ}{\bigcup_{j \in \mathbb{N}}} A_j \right\}.$$

Da E eine Zerlegung der Identität ist, ist $E(A)$ ein selbstadjungierter Projektor, und es folgt

$$\begin{aligned} |<E(A)f,g>| &= |<E(A)f,E(A)g>| \\ &\leq <E(A)f,E(A)f>^{\frac{1}{2}} <E(A)g,E(A)g>^{\frac{1}{2}} \\ &= <E(A)f,f>^{\frac{1}{2}} <E(A)g,g>^{\frac{1}{2}}. \end{aligned}$$

Sind nun $A_j \in \mathscr{B}([0,\infty))$ mit $A = \overset{\circ}{\bigcup_{j\in\mathbb{N}}} A_j$, so folgt aufgrund der Cauchy-Schwarzschen Ungleichung und mit $E_{f,g}(A) = <E(A)f,g>$, dass

$$\begin{aligned} \sum_{j=1}^\infty |E_{f,g}(A_j)| &\leq \sum_{j=1}^\infty |E_{f,f}(A_j)|^{\frac{1}{2}} |E_{g,g}(A_j)|^{\frac{1}{2}} \\ &\leq \left(\sum_{j=1}^\infty |E_{f,f}(A_j)|\right)^{\frac{1}{2}} \left(\sum_{j=1}^\infty |E_{g,g}(A_j)|\right)^{\frac{1}{2}} \end{aligned}$$

und damit

$$|E_{f,g}|(A) \leq \left(E_{f,f}(A)\right)^{\frac{1}{2}} \left(E_{g,g}(A)\right)^{\frac{1}{2}}, \qquad (2.10)$$

da außerdem $E_{f,f}$ und $E_{g,g}$ positive Maße sind und somit $|E_{f,f}| = E_{f,f}$ und $|E_{g,g}| = E_{g,g}$ gelten. Da außerdem $E_{f,f}([0,\infty)) = <f,f> < \infty$, handelt es sich bei $E_{f,f}$ und natürlich auch bei $E_{g,g}$ um endliche Maße. Sei nun $n \in \mathbb{N}$, und für $i \leq n$ seien $\kappa_i \in \mathbb{R}, A_i \in \mathscr{B}([0,\infty))$ mit $A_i \cap A_j = \emptyset$ für $i \neq j$. Sei

$$h : [0,\infty) \to \mathbb{R}, \quad \lambda \mapsto \sum_{i=1}^n \kappa_i \mathbf{1}_{A_i}(\lambda).$$

Eine solche Funktion h wird einfache Funktion genannt. Für h gilt dann mit Cauchy-Schwarz und der Ungleichung (2.10):

$$\begin{aligned} \int_0^\infty h(\lambda) d|E_{f,g}|(\lambda) &= \sum_{i=1}^n \kappa_i |E_{f,g}|(A_i) \\ &\leq \sum_{i=1}^n \kappa_i \left(E_{f,f}(A_i)\right)^{\frac{1}{2}} \left(E_{g,g}(A_i)\right)^{\frac{1}{2}} \\ &\leq \left(\sum_{i=1}^n \kappa_i^2 E_{f,f}(A_i)\right)^{\frac{1}{2}} \left(\sum_{i=1}^n E_{g,g}(A_i)\right)^{\frac{1}{2}} \end{aligned}$$

$$= \left(\int_0^\infty |h(\lambda)|^2 dE_{f,f}(\lambda)\right)^{\frac{1}{2}} \left(\sum_{i=1}^n E_{g,g}(A_i)\right)^{\frac{1}{2}}$$

$$\leq \|g\|_2 \left(\int_0^\infty |h(\lambda)|^2 dE_{f,f}(\lambda)\right)^{\frac{1}{2}}. \tag{2.11}$$

Nimmt man nun auf beiden Seiten der Ungleichung (2.11) das Supremum über alle einfachen Funktionen h mit $0 \leq h(\lambda) \leq \lambda^{-1/2}$, so folgt

$$\int_0^\infty \lambda^{-\frac{1}{2}} d|E_{f,g}|(\lambda) \leq \|g\|_2 \left(\int_0^\infty \lambda^{-1} dE_{f,f}(\lambda)\right)^{\frac{1}{2}} < \infty,$$

da wegen $f \in \mathscr{D}\left(\Delta^{-1/2}\right)$

$$\int_0^\infty \lambda^{-1} dE_{f,f}(\lambda) < \infty$$

ist. Es darf also Fubini angewandt werden, und es folgt

$$\frac{2}{\sqrt{\pi}} \int_0^\infty \int_0^\infty e^{-t^2\lambda} dt dE_{f,g}(\lambda) = \frac{2}{\sqrt{\pi}} \int_0^\infty \int_0^\infty e^{-t^2\lambda} dE_{f,g}(\lambda) dt.$$

Dann gilt aber wieder mit dem Spektralsatz:

$$\frac{2}{\sqrt{\pi}} \int_0^\infty \int_0^\infty e^{-t^2\lambda} dE_{f,g}(\lambda) dt = \frac{2}{\sqrt{\pi}} \int_0^\infty <e^{-t^2\Delta} f, g> dt$$

$$= \frac{2}{\sqrt{\pi}} \int_0^\infty \int_{\mathbb{H}_{n,m}} e^{-t^2\Delta} f(x)\overline{g(x)} dx dt.$$

Da $g \in W \subset C_0^\infty$, ist der Integrand absolut über $\mathbb{H}_{n,m}$ und $[0,\infty)$ integrierbar. Dann ist aber mit Fubini die Integrationsreihenfolge vertauschbar, und es gilt

$$\frac{2}{\sqrt{\pi}} \int_0^\infty <e^{-t^2\Delta} f, g> dt = \left\langle \frac{2}{\sqrt{\pi}} \int_0^\infty e^{-t^2\Delta} f dt, g \right\rangle$$

$$= \left\langle \frac{2}{\sqrt{\pi}} \int_0^\infty f * p_{t^2} dt, g \right\rangle.$$

Damit folgt $h(x) = 2/\sqrt{\pi} \int_0^\infty f * p_{t^2}(x) dt$ für fast alle x. Der rechtsseitige Ausdruck definiert aber immer eine stetige Funktion. Dies gilt, da für alle $t > 0$ die Funktion $x \mapsto f * p_{t^2}(x)$ stetig ist und das Integral

$$\int_0^\infty f * p_{t^2}(x) dt$$

absolut konvergent ist, und somit die Stetigkeit mit dem Satz über majorisierte Konvergenz folgt. Da die linke Seite aber eine glatte Funktion ist, die rechte eine stetige, muß sogar überall die Gleichheit gelten. □

2.5 Die Koranyi-Sphäre $S^{n,m}$

Definition 2.19 Sei
$$S^{n,m} := \left\{ (u,z) \in \mathbb{R}^{n+m} \,\bigg|\, \frac{|u|^4}{16} + |z|^2 = 1 \right\}$$
die Koranyi-Sphäre im $\mathbb{R}^{n+m}$. Sei $d\mu(\omega)$ das „subriemannsche" Oberflächenmaß $d\mu(\omega)$, das gegeben ist durch
$$\int_{S^{n,m}} f(\omega) d\mu(\omega)$$
$$= 2^n \int_{\Sigma^{n-1}} \int_{\Sigma^{m-1}} \int_0^{\frac{\pi}{2}} f(2\cos^{\frac{1}{2}}\vartheta \cdot \eta^1, \sin\vartheta \cdot \eta^2)(\cos\vartheta)^{\nu-1}(\sin\vartheta)^{m-1} d\vartheta d\sigma_{m-1}(\eta^2) d\sigma_{n-1}(\eta^1).$$
Mit Σ^{k-1} für $k \in \mathbb{N}$ sei die euklidische Sphäre des $\mathbb{R}^k$ bezeichnet,
$$\Sigma^{k-1} := \{x \in \mathbb{R}^k \mid |x| = 1\}$$
und mit $d\sigma_{k-1}$ das Riemannsche Oberflächenmaß auf Σ^{k-1}.

Satz 2.20 *Für alle integrierbaren Funktionen $f: \mathbb{R}^{n+m} \to \mathbb{C}$ gilt mit $d\mu(\omega)$ wie in Definition 2.19*
$$\int_{\mathbb{R}^n \times \mathbb{R}^m} f(u,z) d(u,z) = \int_{\mathbb{R}_{>0}} r^{n+2m-1} \int_{S^{n,m}} f(\delta_r(\omega)) d\mu(\omega) dr.$$
Damit ist dann insbesondere
$$\mu(S^{n,m}) = \frac{2^{n+1} \pi^{\frac{n}{2}+\frac{m}{2}} \Gamma\left(\frac{n}{4}\right)}{\Gamma\left(\frac{n}{2}\right) \Gamma\left(\frac{n}{4}+\frac{m}{2}\right)}.$$

Beweis: Ein Element ω der Sphäre $S^{n,m}$ hat die Form
$$\omega = (\omega_1, \ldots, \omega_n, \omega_{n+1}, \ldots, \omega_{n+m-1}, \omega_{n+m}).$$
Es bezeichne dann
$$\tilde{\omega}^1 := (\omega_1, \ldots, \omega_n), \qquad \tilde{\omega}^2 := (\omega_{n+1}, \ldots, \omega_{n+m-1}), \qquad \tilde{\omega} := (\tilde{\omega}^1, \tilde{\omega}^2).$$
Sei
$$\pi : S^{n,m} \to \mathbb{R}^n \times \mathbb{R}^{m-1}, \omega \mapsto \tilde{\omega}.$$
π ist also die Projektion von $S^{n,m}$ auf die ersten $n+m-1$ Koordinaten. Sei zu $\varepsilon \in \{-1,1\}$
$$\mathbb{R}^m_\varepsilon := \{y \in \mathbb{R}^m \mid \varepsilon y_m > 0\},$$
also der Halbraum des $\mathbb{R}^m$ mit positiver ($\varepsilon = 1$) bzw. negativer ($\varepsilon = -1$) letzter Koordinate. Sei
$$\psi_\varepsilon : \pi S^{n,m} \times \mathbb{R}_{>0} \to \mathbb{R}^n \times \mathbb{R}^m_\varepsilon,$$
$$(\omega, r) \mapsto \left(r\tilde{\omega}^1, r^2 \tilde{\omega}^2, \varepsilon r^2 \sqrt{1 - \frac{|\tilde{\omega}^1|^4}{16} - |\tilde{\omega}^2|^2} \right) = \delta_r(\psi_\varepsilon(\omega))$$

mit $\tilde{\psi}_\varepsilon(\tilde{\omega}) = \left(\tilde{\omega}^1, \tilde{\omega}^2, \varepsilon\sqrt{1 - \frac{|\tilde{\omega}^1|^4}{16} - |\tilde{\omega}^2|^2}\right)$.

Die Jacobi-Matrix von ψ_ε hat dann die Form

$$D\psi_\varepsilon(\tilde{\omega},r) = \left(\begin{array}{c|c|c} r\mathbf{I}_n & 0 & {}^t\tilde{\omega}^1 \\ \hline 0 & r^2\mathbf{I}_{m-1} & 2r{}^t\tilde{\omega}^2 \\ \hline -\frac{\varepsilon r^2|\tilde{\omega}^1|^2\tilde{\omega}^1}{8l(\tilde{\omega})} & -\frac{\varepsilon r^2\tilde{\omega}^2}{l(\tilde{\omega})} & \varepsilon 2rl(\tilde{\omega}) \end{array}\right),$$

wobei
$$l(\tilde{\omega}) := \sqrt{1 - \frac{|\tilde{\omega}^1|^4}{16} - |\tilde{\omega}^2|^2}$$

und $\tilde{\omega} \notin \partial\pi S^{n,m}$.

Als nächstes soll der Betrag der Determinante dieser Matrix berechnet werden. Dazu wird sie zunächst auf obere Dreiecksgestalt gebracht. Dies geschieht durch Multiplikation der j-ten Zeile (für $j = 1,\ldots,n$) mit dem Faktor $\varepsilon r|\tilde{\omega}^1|^2\tilde{\omega}_j^1/(8l(\tilde{\omega}))$ und Addition zur letzten Zeile sowie (für $j = n+1,\ldots,n+m-1$) mit $\varepsilon\tilde{\omega}_j^2/l(\tilde{\omega})$ und Addition zur letzten Zeile. Die entstandene Matrix ist nun eine obere Dreiecksmatrix. Das Element an der Stelle $(n+m, n+m)$ hat dann offensichtlich die Form

$$\varepsilon 2rl(\tilde{\omega}) + \sum_{j=1}^n \frac{\varepsilon r|\tilde{\omega}^1|^2}{8l(\tilde{\omega})}(\tilde{\omega}_j^1)^2 + \sum_{j=1}^m \frac{2r\varepsilon}{l(\tilde{\omega})}(\tilde{\omega}_j^2)^2 = \frac{\varepsilon 2r}{l(\tilde{\omega})}\left(l(\tilde{\omega})^2 + \frac{|\tilde{\omega}^1|^4}{16} + |\tilde{\omega}^2|^2\right) = \frac{\varepsilon 2r}{l(\tilde{\omega})}.$$

Für die Determinante folgt dann sofort

$$|\det D\psi_\varepsilon(\tilde{\omega},r)| = \frac{2r^{n+2m-1}}{l(\tilde{\omega})}.$$

Also ist

$$\begin{aligned}\int_{\mathbb{R}^n\times\mathbb{R}^m} f(u,z)d(u,z) &= \sum_{\varepsilon\in\{-1,1\}}\int_{\mathbb{R}_{>0}}\int_{\pi S^{n,m}} f(\psi_\varepsilon(\tilde{\omega},r))\frac{2}{l(\tilde{\omega})}d\tilde{\omega}r^{n+2m-1}dr \\ &= \sum_{\varepsilon\in\{-1,1\}}\int_{\mathbb{R}_{>0}}\int_{\pi S^{n,m}} f(\delta_r(\psi_\varepsilon(\omega)))\frac{2}{l(\tilde{\omega})}d\tilde{\omega}r^{n+2m-1}dr.\end{aligned}$$
(2.12)

Sei also ein Maß $\tilde{\mu}$ auf $S^{n,m}$ folgendermaßen definiert:

$$\int_{S^{n,m}} f(\omega)d\tilde{\mu}(\omega) := \sum_{\varepsilon\in\{-1,1\}}\int_{\pi S^{n,m}} f(\tilde{\psi}_\varepsilon(\tilde{\omega}))\frac{2}{l(\tilde{\omega})}d\tilde{\omega}.$$

Mit (2.12) gilt dann also:

$$\int_{\mathbb{R}^n \times \mathbb{R}^m} f(u,z)d(u,z) = \int_{\mathbb{R}_{>0}} \int_{S^{n,m}} f(\delta_r(\omega))d\tilde{\mu}(\omega) r^{n+2m-1} dr.$$

Sei zu $\varepsilon_1, \varepsilon_2 \in \{-1,1\}$

$$S^{n,m}_{\varepsilon_1} := \{\omega \in S^{n,m} | \varepsilon_1 \omega_{n+m} > 0\},$$
$$(\pi(S^{n,m}))_{\varepsilon_2} := \{\tilde{\omega} \in \pi(S^{n,m}) | \varepsilon_2 \tilde{\omega}_n > 0\},$$
$$\Sigma^{n-1}_{\varepsilon_2} := \{\eta^1 | \varepsilon_2 \eta^1_n > 0\},$$
$$\Sigma^{m-1}_{\varepsilon_1} := \{\eta^2 | \varepsilon_1 \eta^2_m > 0\},$$

$$\pi_k \; : \; \Sigma^{k-1} \to \mathbb{R}^{k-1}$$
$$\eta \mapsto (\eta_1, \ldots, \eta_{k-1}),$$
$$h_{\varepsilon_2} \; : \; \pi_n(\Sigma^{n-1})^\circ \times \pi_m(\Sigma^{m-1})^\circ \times (0, \pi/2) \to (\pi(S^{n,m}))_{\varepsilon_2}$$
$$(\tilde{\eta}^1, \tilde{\eta}^2, \vartheta) \mapsto (2(\cos\vartheta)^{\frac{1}{2}} \tilde{\eta}^1, 2\varepsilon_2 (\cos\vartheta)^{\frac{1}{2}} (1-|\tilde{\eta}^1|^2)^{\frac{1}{2}}, \sin\vartheta \tilde{\eta}^2).$$

Dann ist h_{ε_2} wohldefiniert und bijektiv.

Ist nämlich $(\tilde{\eta}^1, \tilde{\eta}^2, \vartheta) \in \pi_n(\Sigma^{n-1})^\circ \times \pi_m(\Sigma^{m-1})^\circ \times (0, \pi/2)$, so gilt

$$\frac{1}{16} |2(\cos\vartheta)^{\frac{1}{2}}(\tilde{\eta}^1, \varepsilon_2(1-|\tilde{\eta}^1|^2)^{\frac{1}{2}})|^4 = (\cos\vartheta)^2,$$

$$|\sin\vartheta \tilde{\eta}^2|^2 = (\sin\vartheta)^2 |\tilde{\eta}^2|^2 < (\sin\vartheta)^2,$$

und damit existiert ein $z \in \mathbb{R}_{>0}$ mit

$$(h_{\varepsilon_2}(\tilde{\eta}^1, \tilde{\eta}^2, \vartheta), z) \in S^{n,m},$$

also

$$h_{\varepsilon_2}(\tilde{\eta}^1, \tilde{\eta}^2, \vartheta) \in \pi(S^{n,m})^\circ,$$

und da weiter

$$\varepsilon_2 \cdot (h_{\varepsilon_2}(\tilde{\eta}^1, \tilde{\eta}^2, \vartheta))_n = \varepsilon_2 2\varepsilon_2 (\cos\vartheta)^{\frac{1}{2}} (1-|\tilde{\eta}^1|^2)^{\frac{1}{2}} = 2(\cos\vartheta)^{\frac{1}{2}} (1-|\tilde{\eta}^1|^2)^{\frac{1}{2}} > 0$$

ist

$$h_{\varepsilon_2}(\tilde{\eta}^1, \tilde{\eta}^2, \vartheta) \in (\pi(S^{n,m}))^\circ_{\varepsilon_2}.$$

Damit ist h_{ε_2} also wohldefiniert.

Sei nun $(\tilde{\omega}^1, \tilde{\omega}^2) \in (\pi(S^{n,m}))^\circ_{\varepsilon_2}$. Dann existiert ein $z > 0$ so, dass

$$\frac{|\tilde{\omega}^1|^4}{16} + |\tilde{\omega}^2|^2 + z^2 = 1.$$

Da $\tilde{\omega}_n^1 \neq 0$ und $|\tilde{\omega}^1|^4/16 \neq 1$, existiert ein $\vartheta \in (0, \pi/2)$ mit

$$\frac{|\tilde{\omega}^1|^4}{16} = (\cos\vartheta)^2, \quad |\tilde{\omega}^2|^2 + z^2 = (\sin\vartheta)^2.$$

Daraus folgt:

$$\left|\frac{1}{2(\cos\vartheta)^{\frac{1}{2}}}\tilde{\omega}^1\right|^4 = 1, \quad \left|\frac{1}{\sin\vartheta}(\tilde{\omega}^2, z)\right| = 1$$

und damit dann

$$\frac{1}{2(\cos\vartheta)^{\frac{1}{2}}}(\tilde{\omega}_1^1, \ldots, \tilde{\omega}_{n-1}^1) \in \pi_n\left(\Sigma^{n-1}\right), \quad \frac{1}{\sin\vartheta}\tilde{\omega}^2 \in \pi_m\left(\Sigma^{m-1}\right)^\circ.$$

da außerdem $\tilde{\omega}_n^1 \neq 0$, ist

$$\pi_n\left(\frac{1}{2(\cos\vartheta)^{\frac{1}{2}}}\tilde{\omega}^1\right) \in \pi_n\left(\Sigma^{n-1}\right)^\circ.$$

Da

$$h_{\varepsilon_2}\left(\pi_n\left(\frac{1}{2(\cos\vartheta)^{\frac{1}{2}}}\tilde{\omega}^1\right), \frac{1}{\sin\vartheta}\tilde{\omega}^2, \vartheta\right) = (\tilde{\omega}^1, \tilde{\omega}^2) = \tilde{\omega},$$

ist h_{ε_2} surjektiv. Die Injektivität ist offensichtlich.

Die Jacobi-Matrix von h_{ε_2} hat die Form

$$Dh_{\varepsilon_2}(\tilde{\eta}^1, \tilde{\eta}^2, \vartheta) = \begin{pmatrix} 2(\cos\vartheta)^{\frac{1}{2}}\mathbf{I}_{n-1} & 0 & -\sin\vartheta(\cos\vartheta)^{-\frac{1}{2}}\,{}^t\tilde{\eta}^1 \\ -\varepsilon_2\frac{2(\cos\vartheta)^{\frac{1}{2}}}{\lambda(\tilde{\eta})}\tilde{\eta}^1 & 0 & -\varepsilon_2\sin\vartheta(\cos\vartheta)^{-\frac{1}{2}}\lambda(\tilde{\eta}) \\ 0 & \sin\vartheta\mathbf{I}_{m-1} & \cos\vartheta\,{}^t\tilde{\eta}^2 \end{pmatrix},$$

wobei

$$\lambda(\tilde{\eta}) := \sqrt{1 - |\tilde{\eta}^1|^2}.$$

Auch hier wird die Matrix vor der Berechnung des Betrags der Determinante auf eine obere Dreiecksgestalt gebracht. Dafür wird zuerst die n-te Zeile mit der die untersten m Zeilen umfassenden Teilmatrix vertauscht. Dann wird die j-te Zeile (für $j = 1, \ldots, n-1$) mit $\varepsilon_2 \tilde{\eta}_j^1/(\lambda(\tilde{\eta}))$ multipliziert und zur letzten Zeile addiert. Offensichtlich liegt nach diesen Zeilentransformationen eine obere

Dreiecksmatrix vor. Das Element an der Stelle $(n+m-1, n+m-1)$ hat dann die Form

$$-\varepsilon_2 \sin\vartheta (\cos\vartheta)^{-\frac{1}{2}}\lambda(\tilde{\eta}) - \sum_{j=1}^{n-1} \frac{\varepsilon_2 \sin\vartheta (\cos\vartheta)^{-\frac{1}{2}}}{\lambda(\tilde{\eta})}(\tilde{\eta}_j^1)^2$$
$$= -\frac{\varepsilon_2 \sin\vartheta (\cos\vartheta)^{-\frac{1}{2}}}{\lambda(\tilde{\eta})}\left(\lambda(\tilde{\eta})^2 + |\tilde{\eta}^1|^2\right)$$
$$= -\frac{\varepsilon_2 \sin\vartheta (\cos\vartheta)^{-\frac{1}{2}}}{\lambda(\tilde{\eta})}.$$

Für den Betrag der Determinante von Dh_{ε_2} folgt dann sofort

$$|\det Dh_{\varepsilon_2}(\tilde{\eta}^1, \tilde{\eta}^2, \vartheta)| = \frac{2^{n-1}(\sin\vartheta)^m(\cos\vartheta)^{\frac{n}{2}-1}}{\sqrt{1-|\tilde{\eta}^1|^2}}.$$

Es gilt dann

$$\int_{S^{n,m}} f(\omega) d\tilde{\mu}(\omega)$$
$$= \sum_{\varepsilon_1 \in \{-1,1\}} \int_{\pi S^{n,m}} f(\tilde{\psi}_{\varepsilon_1}(\tilde{\omega})) \frac{2}{l(\tilde{\omega})} d\tilde{\omega}$$
$$= \sum_{\varepsilon_1, \varepsilon_2 \in \{-1,1\}} \int_{(\pi S^{n,m})_{\varepsilon_2}} f(\tilde{\psi}_{\varepsilon_1}(\tilde{\omega})) \frac{2}{l(\tilde{\omega})} d\tilde{\omega}$$
$$= \sum_{\varepsilon_1, \varepsilon_2 \in \{-1,1\}} 2^n$$
$$\cdot \int_{\pi_n(\Sigma^{n-1})} \int_{\pi_m(\Sigma^{m-1})} \int_0^{\frac{\pi}{2}} \frac{f(\tilde{\psi}_{\varepsilon_1}(h_{\varepsilon_2}(\tilde{\eta}^1, \tilde{\eta}^2, \vartheta)))(\sin\vartheta)^m(\cos\vartheta)^{\frac{n}{2}-1}}{\sqrt{1-|\tilde{\eta}^1|^2}\sqrt{1-(\cos\vartheta)^2-(\sin\vartheta)^2|\tilde{\eta}^2|^2}} d\vartheta d\tilde{\eta}^2 d\tilde{\eta}^1$$
$$= \sum_{\varepsilon_1, \varepsilon_2 \in \{-1,1\}} 2^n$$
$$\cdot \int_{\pi_n(\Sigma^{n-1})} \int_{\pi_m(\Sigma^{m-1})} \int_0^{\frac{\pi}{2}} \frac{f(\tilde{\psi}_{\varepsilon_1}(h_{\varepsilon_2}(\tilde{\eta}^1, \tilde{\eta}^2, \vartheta)))(\sin\vartheta)^{m-1}(\cos\vartheta)^{\frac{n}{2}-1}}{\sqrt{1-|\tilde{\eta}^1|^2}\sqrt{1-|\tilde{\eta}^2|^2}} d\vartheta d\tilde{\eta}^2 d\tilde{\eta}^1.$$

Da

$$\tilde{\psi}_{\varepsilon_1}(h_{\varepsilon_2}(\tilde{\eta}^1, \tilde{\eta}^2, \vartheta)) = \tilde{\psi}_{\varepsilon_1}\left(\left(2(\cos\vartheta)^{\frac{1}{2}}\tilde{\eta}^1, 2\varepsilon_2(\cos\vartheta)^{\frac{1}{2}}(1-|\tilde{\eta}^1|^2)^{\frac{1}{2}}, \sin\vartheta \tilde{\eta}^2\right)\right)$$
$$= \left(2(\cos\vartheta)^{\frac{1}{2}}\tilde{\eta}^1, 2\varepsilon_2(\cos\vartheta)^{\frac{1}{2}}(1-|\tilde{\eta}^1|^2)^{\frac{1}{2}}, \sin\vartheta \tilde{\eta}^2, \varepsilon_1 \sin\vartheta(1-|\tilde{\eta}^2|^2)^{\frac{1}{2}}\right),$$

folgt mit der Summation über ε_1 und ε_2, dass

$$\int_{S^{n,m}} f(\omega) d\tilde{\mu}(\omega)$$
$$= \sum_{\varepsilon_1, \varepsilon_2 \in \{-1,1\}} 2^n$$
$$\cdot \int_{\Sigma^{n-1}_{\varepsilon_2}} \int_{\Sigma^{m-1}_{\varepsilon_1}} \int_0^{\frac{\pi}{2}} f\left(2(\cos\vartheta)^{\frac{1}{2}}\eta^1, \sin\vartheta \eta^2\right)(\sin\vartheta)^{m-1}(\cos\vartheta)^{\frac{n}{2}-1} d\vartheta d\sigma_{m-1}(\eta^2) d\sigma_{n-1}(\eta^1)$$
$$= 2^n \int_{\Sigma^{n-1}} \int_{\Sigma^{m-1}} \int_0^{\frac{\pi}{2}} f\left(2(\cos\vartheta)^{\frac{1}{2}}\eta^1, \sin\vartheta \eta^2\right)(\sin\vartheta)^{m-1}(\cos\vartheta)^{\frac{n}{2}-1} d\vartheta d\sigma_{m-1}(\eta^2) d\sigma_{n-1}(\eta^1)$$
$$= \int_{S^{n,m}} f(\omega) d\mu(\omega).$$

Das Maß der Koranyi-Sphäre ergibt sich mit der bekannten Formel

$$|\Sigma^{k-1}| = \frac{2\pi^{\frac{k}{2}}}{\Gamma\left(\frac{k}{2}\right)}$$

für das Oberflächenmaß der euklidische Sphäre zu:

$$\begin{aligned}
\mu(S^{n,m}) &= \int_{S^{n,m}} 1 \, d\mu(\omega) \\
&= 2^n \int_{\Sigma^{n-1}} \int_{\Sigma^{m-1}} \int_0^{\frac{\pi}{2}} (\cos\vartheta)^{\frac{n}{2}-1} (\sin\vartheta)^{m-1} d\vartheta \, d\sigma_{m-1}(\eta^2) d\sigma_{n-1}(\eta^1) \\
&= 2^n |\Sigma^{n-1}| |\Sigma^{m-1}| \int_0^{\frac{\pi}{2}} (\cos\vartheta)^{\frac{n}{2}-1} (\sin\vartheta)^{m-1} d\vartheta \\
&= 2^n \frac{2\pi^{\frac{n}{2}}}{\Gamma\left(\frac{n}{2}\right)} \frac{2\pi^{\frac{m}{2}}}{\Gamma\left(\frac{m}{2}\right)} \frac{1}{2} B\left(\frac{n}{4}, \frac{m}{2}\right) \\
&= \frac{2^{n+1} \pi^{\frac{n}{2}+\frac{m}{2}}}{\Gamma\left(\frac{n}{2}\right) \Gamma\left(\frac{m}{2}\right)} \frac{\Gamma\left(\frac{n}{4}\right) \Gamma\left(\frac{m}{2}\right)}{\Gamma\left(\frac{n}{4}+\frac{m}{2}\right)} \\
&= \frac{2^{n+1} \pi^{\frac{n}{2}+\frac{m}{2}} \Gamma\left(\frac{n}{4}\right)}{\Gamma\left(\frac{n}{2}\right) \Gamma\left(\frac{n}{4}+\frac{m}{2}\right)}.
\end{aligned}$$

$\square$

Nun wollen wir uns der asymptotischen Berechnung von $\mu(S^{n,m})$ zuwenden.

Korollar 2.21 *Es existiert $C > 0$ unabhängig von n, m so, dass mit $n = 2\nu$ gilt:*

$$\mu(S^{n,m}) \leq C 2^{2\nu+\frac{m}{2}} \pi^{\nu+\frac{m}{2}} e^{\nu+\frac{m}{2}} \nu^{-\frac{\nu}{2}} (\nu+m)^{-\left(\frac{\nu}{2}+\frac{m}{2}-\frac{1}{2}\right)}.$$

Beweis: Mit der Stirlingschen Formel aus Lemma A.8 gilt:

$$\begin{aligned}
\mu(S^{n,m}) &= \frac{2^{n+1} \pi^{\frac{n}{2}+\frac{m}{2}} \Gamma\left(\frac{n}{4}\right)}{\Gamma\left(\frac{n}{2}\right) \Gamma\left(\frac{n}{4}+\frac{m}{2}\right)} \\
&\leq C \frac{2^{2\nu+1} \pi^{\nu+\frac{m}{2}} e^{-\frac{\nu}{2}} \left(\frac{\nu}{2}\right)^{\frac{\nu}{2}-\frac{1}{2}}}{e^{-\nu} \nu^{\nu-\frac{1}{2}} e^{-\frac{\nu}{2}-\frac{m}{2}} \left(\frac{\nu+m}{2}\right)^{\frac{\nu}{2}+\frac{m}{2}-\frac{1}{2}}} \\
&= C 2^{2\nu+\frac{m}{2}} \pi^{\nu+\frac{m}{2}} e^{\nu+\frac{m}{2}} \nu^{-\frac{\nu}{2}} (\nu+m)^{-\left(\frac{\nu}{2}+\frac{m}{2}-\frac{1}{2}\right)}.
\end{aligned}$$

$\square$

2.6 Die Dimensionen der Stratifizierung von $\mathbb{H}_{n,m}$

Eine Heisenberg-Typ-Gruppe $\mathbb{H}_{n,m}$ besitzt zwei kennzeichnende Dimensionen: zum einen die minimale Anzahl linksinvarianter Vektorfelder, deren Lie-Algebrenerzeugnis die Lie-Algebra von $\mathbb{H}_{n,m}$

ergibt (die Dimension n der ersten „Schicht" der Stratifizierung von $\mathbb{H}_{n,m}$), zum anderen die Dimension des Zentrums m. Bisher wurde nicht auf das Verhältnis dieser beiden Größen zueinander eingegangen. Kaplan, der die Heisenberg-Typ-Gruppen eingeführt hatte, lieferte in [K] eine für die Existenz einer Heisenberg-Typ-Gruppe $\mathbb{H}_{n,m}$ notwendige und hinreichende Bedingung an n und m. Auf diesem Ergebnis beruht das folgende Lemma. Besonders der Teil (ii) ist von ausschlaggebender Bedeutung für die weiteren Berechnungen, da er besagt, dass bei einer Heisenberg-Typ-Gruppe $\mathbb{H}_{n,m}$ grob gesagt n mindestens so groß sein muss wie $2^{(m-1)/2}$. Dies wird in Kapitel 4 hilfreich sein, da dort Terme der Art $(1+m/\nu)^\nu$ abgeschätzt werden müssen.

Lemma 2.22 *Sei $\mathbb{H}_{n,m}$ eine Heisenberg-Typ-Gruppe der Dimension $n+m$, wobei m die Dimension des Zentrums von $\mathbb{H}_{n,m}$ ist.*

(i): Es gilt

$$2^{\frac{m}{2}}|n, \qquad \text{falls } m \equiv_8 l \text{ für ein } l \in \{0,6\},$$
$$2^{\frac{m+1}{2}}|n, \qquad \text{falls } m \equiv_8 l \text{ für ein } l \in \{1,3,5\},$$
$$2^{\frac{m}{2}+1}|n, \qquad \text{falls } m \equiv_8 l \text{ für ein } l \in \{2,4\},$$
$$2^{\frac{m-1}{2}}|n, \qquad \text{falls } m \equiv_8 7.$$

(ii): Es gilt mit $n = 2\nu$:

$$m \leq 2\log_2(\nu) + 3$$

Beweis: Das Ergebnis in (i) findet sich schon in [K-R], allerdings ohne Beweis. Sowohl der Beweis von (i) als auch von (ii) basieren auf folgendem Ergebnis von Kaplan, das in [K] gezeigt wurde:

$$m < 8p + 2^q,$$

falls

$$n = 2^{4p+q} \cdot \tilde{n}$$

ist mit $\tilde{n} \in \mathbb{N}$ ungerade, $p \in \mathbb{N}$, $q \in \{0,1,2,3\}$.

zu (i): Sei für $l \in \{0,\ldots,7\}$

$$g(l) := \min\{q' \mid q' \in \{0,1,2,3\}, 2^{q'} \geq l\}.$$

Dann ist

$$g(l) = \tfrac{l}{2}, \quad \text{falls } l \text{ gerade,}$$
$$g(l) = \tfrac{l-1}{2}, \quad \text{falls } l \in \{1,7\},$$
$$g(l) = \tfrac{l+1}{2}, \quad \text{falls } l \in \{3,5\}.$$

Sei $l \in \{0,\ldots,7\}$ so, dass $m \equiv_8 l$.

Es gilt $m+1 \leq 8p+2^q$, $m+1 \equiv_8 \tilde{l}$ für ein $\tilde{l} \in \{0,\ldots,7\}$, das heißt

$$m+1 = 8\frac{m+1-\tilde{l}}{8} + \tilde{l} = 8k + \tilde{l}$$

mit $k = \frac{m+1-\tilde{l}}{8} \in \mathbb{N}$.

Dann ist also

$$8k + \tilde{l} = m+1 \leq 8p + 2^q,$$

was nur in den folgenden drei Fällen möglich ist:

Fall 1: $p > k$.

In diesem Fall gilt

$$4p+q \geq 4p \geq 4(k+1) = 4\left(\frac{m+1-\tilde{l}}{8}+1\right) = \frac{m+9-\tilde{l}}{2} \geq \frac{m}{2}+1.$$

Also gilt in diesem Fall $2^{\frac{m}{2}+1} | n$ (falls m gerade) bzw. $2^{\frac{m+1}{2}} | n$ (falls m ungerade). Damit folgt in Fall 1 die Behauptung.

Fall 2: $p = k$ und $2^q \geq \tilde{l}$.

In diesem Fall gilt

$$4p+q \geq 4k + g(\tilde{l}) = 4\frac{m+1-\tilde{l}}{8} + g(\tilde{l}) = \frac{m+1}{2} + g(\tilde{l}) - \frac{\tilde{l}}{2},$$

also:

$$\begin{aligned} 4p+q &\geq \tfrac{m+1}{2} & \text{falls } \tilde{l} \text{ gerade} &\iff l \in \{1,3,5,7\}, \\ 4p+q &\geq \tfrac{m}{2} & \text{falls } \tilde{l} \in \{1,7\} &\iff l \in \{0,6\}, \\ 4p+q &\geq \tfrac{m}{2}+1 & \text{falls } \tilde{l} \in \{3,5\} &\iff l \in \{2,4\}. \end{aligned}$$

Auch in diesem Fall folgt also die Behauptung.

Fall 3: $p = k-1$, $\tilde{l} = 0$, $q = 3$. Dann ist

$$4p+q = 4(k-1)+3 = 4\left(\frac{m+1}{8}-1\right)+3 = \frac{m+1}{2}-1 = \frac{m-1}{2}.$$

Es gilt also im Fall 3: $l = 7$ und $2^{\frac{m-1}{2}} | n$.

zu (ii): Es ist für $q \in \{0,1,2,3\}$ stets $2^q \leq 2q+2$ und damit

$$\begin{aligned} m &\leq 8p + 2^q - 1 \\ &\leq 8p + 2q + 1 \\ &= 2(4p+q-1) + 3 \\ &= 2\log_2(2^{4p+q-1}) + 3 \\ &\leq 2\log_2(2^{4p+q-1} \cdot \tilde{n}) + 3 \\ &= 2\log_2(v) + 3. \end{aligned}$$

□

Bemerkung 2.23 Aussage (ii) lässt sich auch sofort aus (i) herleiten.

Das folgende Korollar aus Lemma 2.22 wird für die Abschätzungen in Kapitel 4 wichtig sein. Dabei wird die unten gegebene Form der Aussage in (ii) so benötigt, um weitere Fallunterscheidungen in Kapitel 4 zu vermeiden.

Korollar 2.24 *Es existieren Konstanten C, C' so, dass für alle Heisenberg-Typ-Gruppen $\mathbb{H}_{n,m}$ der Dimension $n+m$ und mit $2v = n$ gilt:*
(i): $\frac{m^2}{v} \leq C$,
(ii): $\sqrt{\frac{0,9 \cdot m}{v}} < \frac{\pi}{2}$,
(iii): $\left(\frac{0,9 \cdot m}{v}\right)^{\frac{m-1}{2}} \geq C' \left(\frac{0,9(m+2)}{v-1}\right)^{\frac{m-1}{2}}$, *falls zusätzlich $m \geq 2$.*

Beweis: Zu (i): Es gilt $2^2 \leq e^2$. Es folgt für x mit $x \geq 2$ mit Lemma A.1:
$$x^2 = \left(\frac{x}{2}\right)^2 2^2 \leq \left(1 + \frac{x-2}{2}\right)^2 e^2 \leq e^{x-2}e^2 = e^x.$$

Daraus folgt sofort für alle $v \geq 4$:
$$v \leq e^{v^{\frac{1}{2}}} = e^{\ln 2 \left(\frac{1}{\ln 2} v^{\frac{1}{2}}\right)} = 2^{\frac{1}{\ln 2} v^{\frac{1}{2}}},$$

und damit
$$\log_2 v \leq \frac{1}{\ln 2} v^{\frac{1}{2}}.$$

Da weiter für $v \geq 4$ gilt: $2\log_2 v = \log_2 v^2 \geq \log_2 16 > 3$, folgt mit Lemma 2.22 für alle $v \geq 4$:
$$\frac{m^2}{v} \leq \frac{(2\log_2 v + 3)^2}{v} \leq \frac{16(\log_2 v)^2}{v} \leq C.$$

Da für $v < 4$ gilt: $m^2/v \leq (2\log_2 v + 3)^2/v \leq C$, gilt die Behauptung (i).

Zu (ii): Für $m = 1$ ist die Behauptung offensichtlich. Sei im Folgenden also $m \geq 2$. Es ist zu zeigen, dass $m < v\pi^2/(3,6)$ ist. Da nach obigem Lemma aber stets $m \leq 2\log_2(v) + 3$ gilt, reicht es zu zeigen, dass
$$2\log_2(v) + 3 < v\frac{\pi^2}{3,6}.$$

Nach Kaplan [K] gilt $2 \leq m < 8p + 2^q$ falls $n = 2^{4p+q}\tilde{n}$ wie in obigem Lemma. Es gilt also $p \geq 1$ oder $q \geq 2$ und damit $n \geq 4$. Damit ist also $v \geq 2$. Für $v = 2$ gilt:
$$2\log_2 v + 3 = 2\log_2 2 + 3 = 5 = \frac{18}{3,6} = 2\frac{3^2}{3,6} < 2\frac{\pi^2}{3,6} = v\frac{\pi^2}{3,6}.$$

Gilt die Behauptung für $v \geq 2$, so folgt für $v+1$:

$$\begin{aligned}
2\log_2(v+1)+3 &= 2\log_2 e \ln(v+1)+3 \\
&\leq 2\log_2 e \left(\ln v + \frac{1}{v}\right)+3 \\
&= 2\left(\log_2 v + \frac{\log_2 e}{v}\right)+3 \\
&< v\frac{\pi^2}{3{,}6} + \frac{2}{v}\log_2 e \\
&= (v+1)\frac{\pi^2}{3{,}6} - \frac{\pi^2}{3{,}6} + \frac{2}{v}\log_2 e \\
&\leq (v+1)\frac{\pi^2}{3{,}6} - \frac{9}{3{,}6} + 2 \\
&\leq (v+1)\frac{\pi^2}{3{,}6}.
\end{aligned}$$

Zu (iii): Im Fall $m \geq 2$ gilt mit dem vorangegangenen Lemma, dass $v \geq 2$. Falls nun $m = 2$ gilt, so gilt die Ungleichung in (iii) offensichtlich. Ist nun $m \geq 3$, so reicht es zu zeigen, dass eine Konstante C' existiert mit

$$C' \leq \left(\frac{0{,}9 \cdot m}{v} \cdot \frac{v-1}{0{,}9(m+2)}\right)^{\frac{m-1}{2}} = \left(1 - \frac{2}{m+2}\right)^{\frac{m-1}{2}}\left(1 - \frac{1}{v}\right)^{\frac{m-1}{2}}.$$

Nach Lemma A.1 gilt

$$\left(1 - \frac{2}{m+2}\right)^{m-1} \geq \left(1 - \frac{2}{m+2}\right)^{m} \geq e^{-2},$$

und damit

$$\left(1 - \frac{2}{m+2}\right)^{\frac{m-1}{2}} \geq e^{-1}.$$

Da außerdem $\pi^2/(3{,}6 \cdot 3) < 1$, $\pi^2/(3{,}6) > 1$, gilt mit Teil (ii) und Lemma A.1 für alle $m \geq 3$

$$\begin{aligned}
\left(1 - \frac{1}{v}\right)^{\frac{m-1}{2}} &\geq \left(1 - \frac{\pi^2/3{,}6}{m}\right)^{\frac{m-1}{2}} \\
&= \left(1 - \frac{\pi^2/3{,}6}{m}\right)^{\frac{m-\pi^2/3{,}6}{2}}\left(1 - \frac{\pi^2/3{,}6}{m}\right)^{\frac{\pi^2/3{,}6-1}{2}} \\
&\geq e^{-\frac{\pi^2}{7{,}2}}\left(1 - \frac{\pi^2/3{,}6}{3}\right)^{\frac{\pi^2/3{,}6-1}{2}}.
\end{aligned}$$

$\square$

Kapitel 3

Der Vektor $\mathscr{R}$ der Riesz-Transformationen R_i

3.1 Die Hilberttransformation $\mathscr{H}_y$

Definition 3.1 Wir definieren für $f \in C_0^\infty(\mathbb{H}_{n,m})$ und $x, y \in \mathbb{H}_{n,m}$ mit $y \neq 0$

$$\mathscr{H}_y f(x) := p.v. \int_{-\infty}^{\infty} f(x\delta_t(y)^{-1}) t^{-1} dt,$$

die Hilberttransformation von f im Punkt x entlang der Kurve $t \mapsto \delta_t(y)$.

Ziel dieses Abschnitts ist der Beweis des folgenden Satzes:

Satz 3.2 *Sei $p \in (1,\infty)$. Es existiert eine Konstante $C_p > 0$ so, dass für alle Heisenberg-Typ-Gruppen $\mathbb{H}_{n,m}$, $y = (u,z) \in \mathbb{H}_{n,m}$ mit $u, z \neq 0$ und alle $f \in C_0^\infty(\mathbb{H}_{n,m})$ gilt:*

$$||\mathscr{H}_y f||_p \leq C_p ||f||_p. \tag{3.1}$$

Damit ist dann $\mathscr{H}_y$ auf $L^p(\mathbb{H}_{n,m})$ eindeutig fortsetzbar und es gilt die Ungleichung (3.1) für alle $f \in L^p(\mathbb{H}_{n,m})$.

Bemerkung 3.3 Der Beweis von Satz 3.2 wird ausnutzen, dass $\delta_t(y)^{-1}$ stets in einer zweidimensionalen Untergruppe von $\mathbb{H}_{n,m}$ liegt und dann die für festes p gleichmäßige Beschränktheit der parabolischen Hilberttransformation auf $\mathbb{R}^2$ verwenden. Damit folgt er der Beweisskizze von Lemma 5 in [C-M-Z]. Satz 3.2 kann auch aus den Ergebnissen in [C] sofort abgeleitet werden.

Im Beweis von Satz 3.2 wird die nächste Definition hilfreich sein:

Definition 3.4 Sei $\mathbb{H}_{n,m}$ eine Heisenberg-Typ-Gruppe, $y = (u,z) \in \mathbb{H}_{n,m}$ derart, dass weder $u = 0$ noch $z = 0$ gilt. Sei

$$G_y := \{(\lambda u, \mu z) | \, \lambda, \mu \in \mathbb{R}\}, \qquad \pi_y : \mathbb{R}^2 \to \mathbb{H}_{n,m}, (\lambda, \mu) \mapsto (\lambda u, \mu z).$$

Lemma 3.5 *Sei G_y wie in Definition 3.4. π_y ist ein Gruppenmonomorphismus der additiven Gruppe $\mathbb{R}^2$ in die Heisenberg-Typ-Gruppe $\mathbb{H}_{n,m}$. Insbesondere ist $G_y = \pi_y(\mathbb{R}^2)$ eine abelsche Untergruppe von $\mathbb{H}_{n,m}$.*

Beweis: Für alle $\lambda, \mu, \lambda', \mu' \in \mathbb{R}$ gilt

$$\begin{aligned}(\lambda u, \mu z) \cdot (\lambda' u, \mu' z) &= \left((\lambda + \lambda')u, (\mu + \mu')z + \frac{1}{2}[(\lambda u, \mu z), (\lambda' u, \mu' z)]\right) \\ &= ((\lambda + \lambda')u, (\mu + \mu')z).\end{aligned}$$

Ferner gilt

$$\begin{aligned}\pi_y((\lambda, \mu) + (\lambda', \mu')) &= \pi_y((\lambda + \lambda', \mu + \mu')) \\ &= ((\lambda + \lambda')u, (\mu + \mu')z) \\ &= (\lambda u, \mu z) \cdot (\lambda' u, \mu' z) \\ &= \pi_y((\lambda, \mu)) \cdot \pi_y((\lambda', \mu')),\end{aligned}$$

also ist π_y ein Gruppenhomomorphismus. Da π_y offensichtlich injektiv ist, ist π_y Gruppenmonomorphismus. $\square$

Definition 3.6 Sei G_y wie in Definition 3.4. Für $\varphi \in C_0^\infty(G_y)$, $h \in G_y$ sei

$$\mathscr{H}_y' \varphi(h) := \text{p.v.} \int_{-\infty}^{\infty} \varphi(h\delta_t(y)^{-1}) t^{-1} dt,$$

und für $\tilde{\varphi} \in C_0^\infty(\mathbb{R}^2)$, $(\lambda, \mu) \in \mathbb{R}^2$ sei

$$\mathscr{H}'' \tilde{\varphi}(\lambda, \mu) := \text{p.v.} \int_{-\infty}^{\infty} \tilde{\varphi}((\lambda, \mu) - (t, t^2)) t^{-1} dt$$

die „parabolische" Hilberttransformation auf $\mathbb{R}^2$.

Beweis: (von Satz 3.2) Sei $f \in C_0^\infty(\mathbb{H}_{n,m})$, $x \in \mathbb{H}_{n,m}$. Mit $f_x : G_y \to \mathbb{R}, h \mapsto f(x \cdot h)$ gilt dann $f_x \in$

$C_0^\infty(G_y)$ und mit Definition 3.6

$$\begin{aligned}
\mathcal{H}_y'(f_x)(h) &= p.v. \int_{-\infty}^\infty f_x(h\delta_t(y)^{-1})t^{-1}dt \\
&= p.v. \int_{-\infty}^\infty f(x \cdot h\delta_t(y)^{-1})t^{-1}dt \\
&= \mathcal{H}_y f(x \cdot h) \\
&= (\mathcal{H}_y f)_x(h).
\end{aligned} \qquad (3.2)$$

Es folgt mit [C-G], dass auf dem homogenen Raum $\mathbb{H}_{n,m}/G_y$ ein linksinvariantes Maß $d\dot{x}$ existiert, so dass gilt:

$$\int_{\mathbb{H}_{n,m}} f(x)dx = \int_{\mathbb{H}_{n,m}/G_y} \int_{G_y} f(xh)dhd\dot{x}. \qquad (3.3)$$

Damit und mit Gleichung (3.2) gilt dann

$$\begin{aligned}
\|\mathcal{H}_y f\|_p^p &= \int_{\mathbb{H}_{n,m}} |\mathcal{H}_y f(x)|^p dx \\
&= \int_{\mathbb{H}_{n,m}/G_y} \int_{G_y} |\mathcal{H}_y f(xh)|^p dhd\dot{x} \\
&= \int_{\mathbb{H}_{n,m}/G_y} \int_{G_y} |\mathcal{H}_y'(f_x)(h)|^p dhd\dot{x} \\
&= \int_{\mathbb{H}_{n,m}/G_y} \|\mathcal{H}_y'(f_x)\|_{L^p(G_y)}^p d\dot{x}.
\end{aligned} \qquad (3.4)$$

Es wird als nächstes gezeigt, daß die Operatorennormen $\|\mathcal{H}_y'\|_{L^p(G_y) \to L^p(G_y)}$ gleichmäßig in y und in den Dimensionen n, m beschränkt sind.

Betrachtet man die parabolische Hilberttransformation $\mathcal{H}''$ auf $\mathbb{R}^2$ so folgt mit

$$\pi_y(-t, -t^2) = (-tu, -t^2 z) = \delta_t(y)^{-1}$$

und

$$T: \varphi \mapsto \varphi \circ \pi_y$$

unmittelbar, dass für alle $\lambda, \mu \in \mathbb{R}$ gilt

$$\begin{aligned}
(T \circ \mathcal{H}_y')\varphi(\lambda, \mu) &= \mathcal{H}_y'\varphi(\pi_y(\lambda, \mu)) \\
&= p.v. \int_{-\infty}^\infty \varphi(\pi_y(\lambda, \mu)\delta_t(y)^{-1})t^{-1}dt \\
&= p.v. \int_{-\infty}^\infty \varphi(\pi_y(\lambda, \mu)\pi_y(-t, -t^2))t^{-1}dt \\
&= p.v. \int_{-\infty}^\infty \varphi(\pi_y((\lambda, \mu) - (t, t^2)))t^{-1}dt \\
&= p.v. \int_{-\infty}^\infty T\varphi((\lambda, \mu) - (t, t^2))t^{-1}dt \\
&= \mathcal{H}''(T\varphi)(\lambda, \mu) \\
&= (\mathcal{H}'' \circ T)\varphi(\lambda, \mu).
\end{aligned}$$

Nach [S-W] gilt aber, dass für $p \in (1,\infty)$ die Hilberttransformation $\mathscr{H}'' : L^p(\mathbb{R}^2) \to L^p(\mathbb{R}^2)$ beschränkt ist durch eine nur von p abhängige Konstante C_p. Für eine C_0^∞-Funktion φ auf G_y gilt also (da das Haar-Maß dh auf G_y wegen der Nilpotenz von G_y wieder ein konstantes Vielfaches des Lebesgue-Maßes ist):

$$\begin{aligned}
||\mathscr{H}'_y \varphi||^p_{L^p(G_y)} &= \int_{G_y} |\mathscr{H}'_y \varphi(h)|^p dh \\
&= C_y \int_{\mathbb{R}^2} |(T \circ \mathscr{H}'_y)\varphi(\lambda,\mu)|^p d(\lambda,\mu) \\
&= C_y \int_{\mathbb{R}^2} |(\mathscr{H}'' \circ T)\varphi(\lambda,\mu)|^p d(\lambda,\mu) \\
&\leq C_p^p C_y \int_{\mathbb{R}^2} |T\varphi(\lambda,\mu)|^p d(\lambda,\mu) \\
&= C_p^p ||\varphi||^p_{L^p(G_y)}.
\end{aligned} \qquad (3.5)$$

Fügt man nun die Gleichung (3.4) und die Ungleichung (3.5) zusammen, so erhält man

$$\begin{aligned}
||\mathscr{H}_y f||^p_{L^p(\mathbb{H}_{n,m})} &= \int_{\mathbb{H}_{n,m}/G_y} ||\mathscr{H}'_y(f_{\dot{x}})||^p_{L^p(G_y)} d\dot{x} \\
&\leq \int_{\mathbb{H}_{n,m}} C_p^p ||f_{\dot{x}}||^p_{L^p(G_y)} d\dot{x} \\
&= C_p^p \int_{\mathbb{H}_{n,m}} \int_{G_y} |f(xh)|^p dh d\dot{x} \\
&= C_p^p ||f||^p_{L^p(\mathbb{H}_{n,m})}.
\end{aligned}$$

Also gilt die Ungleichung (3.1) für alle $f \in C_0^\infty(\mathbb{H}_{n,m})$. Damit lässt sich dann aber $\mathscr{H}_y$ unter Beibehaltung der Abschätzung 3.1 eindeutig zu einem Operator, der wieder mit $\mathscr{H}_y$ bezeichnet werden soll, auf $L^p(\mathbb{H}_{n,m})$ fortsetzen. □

3.2 Die Riesz-Transformationen R_i und die Hilberttransformation $\mathscr{H}_y$

Definition 3.7 Sei $\mathbb{H}_{n,m}$ eine Heisenberg-Typ-Gruppe, $\Delta^{-\frac{1}{2}}$, $\mathscr{X}_i$ zu $i \in \{1,\ldots,n\}$ wie in Definition 2.14 und Lemma 2.8. Ist $f \in W = \Delta\left(\mathbb{C}_0^\infty(\mathbb{H}_{n,m})\right)$, so besitzt (nach Lemma 2.18) $\Delta^{-\frac{1}{2}} f$ einen L^2-Repräsentanten $h \in C^\infty(\mathbb{H}_{n,m})$, das heißt, $\mathscr{X}_i h$ ist im klassischen Sinn wohldefiniert und $\mathscr{X}_i h \in C^\infty(\mathbb{H}_{n,m})$. Für $f \in W$ sei also

$$R_i f := \mathscr{X}_i h$$

die i-te Riesz-Transformierte der Funktion f.

Lemma 3.8 *Sei $f \in W$. Für alle $x \in \mathbb{H}_{n,m}$ gilt*

$$R_i f(x) = \frac{1}{\sqrt{\pi}} \int_{\mathbb{H}_{n,m}} \mathscr{X}_i p_1(y) \mathscr{H}_y f(x) dy.$$

Beweis: Für eine Funktion $f \in W$ gilt mit Bemerkung 2.13 und 2.5 (Definition der Faltung) für alle $t > 0$:

$$\begin{aligned}
\mathscr{X}_i e^{-t^2 \Delta} f(x) &= \mathscr{X}_i((e^{-\Delta}(f \circ \delta_t)) \circ \delta_{t^{-1}})(x) \\
&= \mathscr{X}_i(e^{-\Delta}(f \circ \delta_t))(\delta_{t^{-1}}(x)) t^{-1} \\
&= \mathscr{X}_i((f \circ \delta_t) * p_1)(\delta_{t^{-1}}(x)) t^{-1} \\
&= (f \circ \delta_t) * (\mathscr{X}_i p_1)(\delta_{t^{-1}}(x)) t^{-1} \\
&= \frac{1}{t} \int_{\mathbb{H}_{n,m}} \mathscr{X}_i p_1(y) (f \circ \delta_t)(\delta_{t^{-1}}(x) y^{-1}) dy \\
&= \frac{1}{t} \int_{\mathbb{H}_{n,m}} \mathscr{X}_i p_1(y) f(x \delta_t(y^{-1})) dy.
\end{aligned} \qquad (3.6)$$

Mit Formel (2.6) gilt weiterhin für alle $f \in W$, $x \in \mathbb{H}_{n,m}$ und mit $h \in C^\infty(\mathbb{H}_{n,m})$, $h = \Delta^{-1/2} f$:

$$R_i f(x) = \mathscr{X}_i h(x) = \mathscr{X}_i \frac{2}{\sqrt{\pi}} \int_0^\infty e^{-t^2 \Delta} f(x) dt.$$

Als nächstes soll gezeigt werden, dass die Differentiation unter das Integralzeichen gezogen werden kann. Es gilt für alle $x \in \mathbb{H}_{n,m}$, $t > 0$:

$$\mathscr{X}_i(f * p_t)(x) = f * \mathscr{X}_i p_t(x).$$

Definiert man eine Funktion $g_x: \mathbb{H}_{n,m} \to \mathbb{C}$, $y \mapsto f(xy^{-1})$, so folgt mit partieller Integration und der Formel für die Faltung in Bemerkung 2.5:

$$\begin{aligned}
f * \mathscr{X}_i p_t(x) &= \int_{\mathbb{H}_{n,m}} g_x(y) \mathscr{X}_i p_t(y) dy \\
&= -\int_{\mathbb{H}_{n,m}} \mathscr{X}_i g_x(y) p_t(y) dy.
\end{aligned}$$

Es gilt für alle $y \in \mathbb{H}_{n,m}$ mit $\check{f}(y) := f(y^{-1})$:

$$\begin{aligned}
\mathscr{X}_i g_x(y) &= \frac{d}{dt}\Big|_{t=0} g_x(y \cdot t e_i) \\
&= \frac{d}{dt}\Big|_{t=0} f(x(y \cdot t e_i)^{-1}) \\
&= \frac{d}{dt}\Big|_{t=0} \check{f}(y \cdot t e_i x^{-1}).
\end{aligned}$$

Da aber mit der Exponentialabbildung exp der Lie-Algebra gilt:

$$y \cdot t e_i x^{-1} = y x^{-1} x t e_i x^{-1} = y x^{-1} \exp(t \operatorname{Ad} x(X_i)),$$

ist
$$\frac{d}{dt}\bigg|_{t=0} \check{f}(y \cdot t e_i x^{-1}) = (\mathrm{Ad}\, x(X_i))\, \check{f}(yx^{-1}).$$

Das entstandene Vektorfeld $\mathrm{Ad}\, x(X_i)(z)$ soll nun genauer betrachtet werden. Im Einselement e gilt wegen der zweistufigen Nilpotenz von $\mathbb{H}_{n,m}$:

$$\begin{aligned}
\mathrm{Ad}\, x(X_i)(e) &= \sum_{l=0}^{\infty} \frac{1}{l!} \left(\mathrm{ad} \left(\sum_{j=0}^{n} x_j X_j + \sum_{k=0}^{m} x_{n+k} Z_k \right) \right)^l X_i \\
&= X_i + \sum_{j=0}^{n} x_j [X_j, X_i] \\
&= X_i + \sum_{j=0}^{n} \sum_{k=0}^{m} x_j <[X_j, X_i], Z_k> Z_k \\
&= X_i - \sum_{j=0}^{n} \sum_{k=0}^{m} A_{ij}^k x_j Z_k,
\end{aligned}$$

und damit ist
$$\mathrm{Ad}\, x(X_i)(z) = \mathscr{X}_i(z) - \sum_{j=0}^{n} \sum_{k=0}^{m} A_{ij}^k x_j \mathscr{Z}_k(z).$$

Offensichtlich ist $\mathrm{Ad}\, x(X_i) \check{f} \in C_0^{\infty}(\mathbb{H}_{n,m})$. Es folgt mit (2.7) und der Rechtsinvarianz des Haarmaßes für alle $t \geq 1$:

$$\begin{aligned}
|\mathscr{X}_i(f * p_t)(x)| &\leq C t^{-\frac{Q}{2}} \int_{\mathbb{H}_{n,m}} \left| \mathrm{Ad}\, x(X_i) \check{f}(yx^{-1}) \right| dy \\
&= C t^{-\frac{Q}{2}} \int_{\mathbb{H}_{n,m}} \left| \mathrm{Ad}\, x(X_i) \check{f}(y) \right| dy. \quad (3.7)
\end{aligned}$$

Ist $0 < t < 1$, so gilt mit (2.8):
$$|\mathscr{X}_i(f * p_t)(x)| \leq \sup_{y \in \mathbb{H}_{n,m}} \left| (\mathrm{Ad}\, x(X_i)) \check{f}(y) \right|. \quad (3.8)$$

Die beiden Terme in (3.7) und (3.8) wachsen nun aber höchstens linear in x, so dass für $x_0 \in \mathbb{H}_{n,m}$ gilt: es existiert eine Umgebung U von x_0, so dass $|\mathscr{X}_i(f * p_t)(x)|$ gleichmäßig in $t > 0$ und auf U durch eine in t integrierbare Funktion beschränkt. Damit ist das Hereinziehen der Differentiation durch $\mathscr{X}_i$ unter das Integralzeichen möglich, und es gilt mit Formel (3.6):

$$\begin{aligned}
R_i f(x) &= \frac{2}{\sqrt{\pi}} \int_0^{\infty} \mathscr{X}_i e^{-t^2 \Delta} f(x) dt \\
&= \frac{2}{\sqrt{\pi}} \int_0^{\infty} \int_{\mathbb{H}_{n,m}} \mathscr{X}_i p_1(y) f(x \delta_t(y^{-1})) dy \frac{dt}{t} \\
&= \frac{2}{\sqrt{\pi}} \int_{\mathbb{H}_{n,m}} \mathscr{X}_i p_1(y) \lim_{\varepsilon \to 0^+} \int_{\varepsilon}^{\frac{1}{\varepsilon}} f(x \delta_t(y^{-1})) \frac{dt}{t} dy,
\end{aligned}$$

wobei die Vertauschung der Integrationsreihenfolge wegen der absoluten Konvergenz möglich ist. Da nun aus der Formel für p_1 (siehe Lemma 2.11) ersichtlich ist, dass

$$\mathscr{X}_i p_1(-u, z) = -\mathscr{X}_i p_1(u, z)$$

ist, gilt ebenso

$$
\begin{aligned}
R_i f(x) &= \frac{2}{\sqrt{\pi}} \int_{\mathbb{H}_{n,m}} \mathcal{X}_i p_1(u,z) \lim_{\varepsilon \to 0^+} \int_\varepsilon^{\frac{1}{\varepsilon}} f(x\delta_t(-u,-z))\frac{dt}{t} d(u,z) \\
&= -\frac{2}{\sqrt{\pi}} \int_{\mathbb{H}_{n,m}} \mathcal{X}_i p_1(-u,z) \lim_{\varepsilon \to 0^+} \int_\varepsilon^{\frac{1}{\varepsilon}} f(x\delta_t(-u,-z))\frac{dt}{t} d(u,z) \\
&= -\frac{2}{\sqrt{\pi}} \int_{\mathbb{H}_{n,m}} \mathcal{X}_i p_1(u,z) \lim_{\varepsilon \to 0^+} \int_\varepsilon^{\frac{1}{\varepsilon}} f(x\delta_t(u,-z))\frac{dt}{t} d(u,z)
\end{aligned}
$$

und insgesamt

$$
R_i f(x) = \frac{1}{\sqrt{\pi}} \int_{\mathbb{H}_{n,m}} \mathcal{X}_i p_1(u,z) \lim_{\varepsilon \to 0^+} \int_\varepsilon^{\frac{1}{\varepsilon}} f(x\delta_t(-u,-z)) - f(x\delta_t(u,-z))\frac{dt}{t} d(u,z).
$$

Wegen

$$
\delta_{-t}(u,-z) = (-tu, -t^2 z) = \delta_t(-u,-z) = \delta_t(y^{-1})
$$

folgt

$$
\int_\varepsilon^{\frac{1}{\varepsilon}} f(x\delta_t(u,-z))\frac{dt}{t} = -\int_{-\varepsilon}^{-\frac{1}{\varepsilon}} f(x\delta_{-t}(u,-z))\frac{dt}{-t} = -\int_{-\frac{1}{\varepsilon}}^{-\varepsilon} f(x\delta_t(y^{-1}))\frac{dt}{t},
$$

damit dann

$$
\lim_{\varepsilon \to 0^+} \int_\varepsilon^{\frac{1}{\varepsilon}} f(x\delta_t(-u,-z)) - f(x\delta_t(u,-z))\frac{dt}{t} = \text{p.v.} \int_{-\infty}^{\infty} f(x\delta_t(y^{-1}))\frac{dt}{t} = \mathcal{H}_y f(x),
$$

und schließlich

$$
R_i f(x) = \frac{1}{\sqrt{\pi}} \int_{\mathbb{H}_{n,m}} \mathcal{X}_i p_1(y) \mathcal{H}_y f(x) dy.
$$

$\square$

3.3 Der Operator $\mathscr{R}$ und seine Operatornorm

Definition 3.9 Im Folgenden bezeichne für $f \in W$, $x \in \mathbb{H}_{n,m}$

$$
|\mathscr{R} f(x)| = \left(\sum_{i=1}^n |R_i f(x)|^2 \right)^{\frac{1}{2}}.
$$

Bemerkung 3.10 Ist $f \in W$ reellwertig und $x \in \mathbb{H}_{n,m}$ so, dass $\mathscr{R} f(x) \neq 0$, so findet man nach dem Rieszschen Darstellungssatz ein von f und x abhängiges $\kappa \in \Sigma^{n-1}$ derart, dass

$$
|\mathscr{R} f(x)| = \sum_{i=1}^n \kappa_i R_i f(x).
$$

Definition 3.11 Zu einem Element $\kappa \in \Sigma^{n-1}$ sei die folgende Funktion Φ_κ auf der Koranyi-Sphäre $S^{n,m}$ (siehe 2.19) definiert durch:

$$\Phi_\kappa : S^{n,m} \to \mathbb{R}, \qquad \omega \mapsto \int_0^\infty \sum_{i=1}^n \kappa_i \mathscr{X}_i p_1(\delta_r(\omega)) r^{n+2m-1} dr.$$

Das folgende Lemma ist fundamental für die Berechnung der Operatornorm des Vektors der Riesztransformationen: sie wird auf die Bestimmung eines Integrals über die Ableitungen des Wärmeleitungskernes reduziert.

Lemma 3.12 *Sei $\mathbb{H}_{n,m}$ eine Heisenberg-Typ-Gruppe, $p \in (1,\infty)$ und q der zu p konjugierte Exponent, also $1/p + 1/q = 1$. Falls eine nur von m abhängige Konstante $A_m > 0$ und eine nur von q abhängige Konstante $C_q > 0$ existiert, so dass für alle $\kappa \in \Sigma^{n-1}$ gilt*

$$||\Phi_\kappa(\omega)||_{L^q(d\mu(\omega))} \leq C_q A_m \mu(S^{n,m})^{\frac{1}{q}-1},$$

so folgt mit einer von n, m unabhängigen Konstanten $C'_p > 0$ für alle $f \in W$:

$$|||\mathscr{R}f|||_{L^p(\mathbb{H}_{n,m})} \leq C'_p A_m ||f||_{L^p(\mathbb{H}_{n,m})}.$$

Beweis: Sei $f \in W$ reellwertig, $x \in \mathbb{H}_{n,m}$ so, dass $\mathscr{R}f(x) \neq 0$. Nach Bemerkung 3.10 existiert dann ein von f und x abhängiges $\kappa \in \Sigma^{n-1}$ mit $|\mathscr{R}f(x)| = \sum_{i=1}^n \kappa_i R_i f(x)$. Nach Lemma 3.8 gilt

$$\sqrt{\pi}|\mathscr{R}f(x)| = \int_{\mathbb{H}_{n,m}} \sum_{i=1}^n \kappa_i \mathscr{X}_i p_1(y) \mathscr{H}_y f(x) dy.$$

Da für alle $\omega \in S^{n,m}, t > 0$ gilt

$$\begin{aligned}\mathscr{H}_{\delta_t(\omega)} f(x) &= p.v. \int_{-\infty}^\infty f(x \delta_s(\delta_t(\omega)^{-1})) \frac{ds}{s} \\ &= p.v. \int_{-\infty}^\infty f(x \delta_{st}(\omega)^{-1}) \frac{ds}{s} \\ &= \mathscr{H}_\omega f(x),\end{aligned}$$

gilt mit Polarkoordinaten (siehe Satz 2.20) bezüglich $S^{n,m}$:

$$\begin{aligned}\sqrt{\pi}|\mathscr{R}f(x)| &= \int_{S^{n,m}} \int_0^\infty \sum_{i=1}^n \kappa_i \mathscr{X}_i p_1(\delta_r(\omega)) \mathscr{H}_{\delta_r(\omega)} f(x) r^{n+2m-1} dr d\mu(\omega) \\ &= \int_{S^{n,m}} \int_0^\infty \sum_{i=1}^n \kappa_i \mathscr{X}_i p_1(\delta_r(\omega)) \mathscr{H}_\omega f(x) r^{n+2m-1} dr d\mu(\omega) \\ &= \int_{S^{n,m}} \Phi_\kappa(\omega) \mathscr{H}_\omega f(x) d\mu(\omega).\end{aligned}$$

Wendet man die Hölder-Ungleichung bezüglich des Oberflächenmaßes $d\mu(\omega)$ an, so ergibt sich

$$\sqrt{\pi}|\mathscr{R}f(x)| \leq ||\Phi_\kappa(\omega)||_{L^q(d\mu(\omega))} ||\mathscr{H}_\omega f(x)||_{L^p(d\mu(\omega))}.$$

Da wir nach Voraussetzung annehmen, dass

$$||\Phi_\kappa(\omega)||_{L^q(d\mu(\omega))} \leq C_q A_m \mu(S^{n,m})^{\frac{1}{q}-1},$$

folgt

$$|||\mathscr{R}f|||_{L^p(\mathbb{H}_{n,m},dx)} \leq C_q A_m \mu(S^{n,m})^{\frac{1}{q}-1} \Big|\Big|||\mathscr{H}_\omega f(x)||_{L^p(d\mu(\omega))}\Big|\Big|_{L^p(\mathbb{H}_{n,m},dx)}.$$

Ist $\omega \in S^{n,m}$ derart, dass $\omega^1 \neq 0$ und $\omega^2 \neq 0$ gelten, so existiert nach Satz 3.2 eine von ω unabhängige Konstante C_p mit

$$||\mathscr{H}_\omega f||_{L^p(\mathbb{H}_{n,m},dx)} \leq C_p ||f||_{L^p(\mathbb{H}_{n,m},dx)}.$$

Diejenigen $\omega \in S^{n,m}$ mit $\omega^1 = 0$ oder $\omega^2 = 0$ bilden offensichtlich eine Nullmenge bezüglich des Maßes $d\mu(\omega)$. Es folgt

$$\begin{aligned}
|||\mathscr{R}f|||_{L^p(\mathbb{H}_{n,m})} &\leq C_q A_m \mu(S^{n,m})^{\frac{1}{q}-1} \Big|\Big|||\mathscr{H}_\omega f(x)||_{L^p(d\mu(\omega))}\Big|\Big|_{L^p(\mathbb{H}_{n,m},dx)} \\
&= C_q A_m (\mu(S^{n,m}))^{-\frac{1}{p}} \Big|\Big|||\mathscr{H}_\omega f(x)||_{L^p(\mathbb{H}_{n,m},dx)}\Big|\Big|_{L^p(d\mu(\omega))} \\
&\leq C_q A_m (\mu(S^{n,m}))^{-\frac{1}{p}} C_p ||f||_{L^p(\mathbb{H}_{n,m},dx)} (\mu(S^{n,m}))^{\frac{1}{p}} \\
&= C'_p ||f||_{L^p(\mathbb{H}_{n,m})}.
\end{aligned}$$

Für eine komplexwertige Funktion werden Real- und Imaginärteil separat auf gleiche Weise behandelt. □

Im Folgenden Kapitel wird gezeigt werden, was im vorangegangenen Lemma noch angenommen wurde: nämlich die Existenz einer Konstante A_m, so dass die gleichmäßige Beschränktheit von

$$\int_{S^{n,m}} |\Phi_\kappa(\omega)|^q d\mu(\omega)$$

durch

$$C_q A_m \mu(S^{n,m})^{1-q}$$

erfüllt ist. Zudem wird eine Abschätzung der Konstante A_m gegeben werden. Diese wird den Hauptteil der Arbeit ausmachen und ist, im Gegensatz zu den theoretischen Grundlagen die bisher gegeben wurden, vor dieser Arbeit unbekannt gewesen.

3.4 Nähere Berechnung von $\Phi_\kappa(\omega)$ und Reduktion auf die Komponenten

Bemerkung 3.13 Ist $\omega = (\omega^1, \omega^2) \in S^{n,m}$, so gilt

$$\left(\frac{|\omega^1|^2}{4}\right)^2 + |\omega^2|^2 = 1$$

und damit existiert genau ein $\vartheta \in [0, \pi/2]$ mit

$$\frac{|\omega^1|^2}{4} = \cos\vartheta, \qquad |\omega^2| = \sin\vartheta.$$

Der nachfolgende Teil der Arbeit wird sich immer wieder mit Integralen, die von der Ableitung des Wärmeleitungskernes herstammen, beschäftigen. Folgende Definition wird dabei hilfreich sein:

Definition 3.14 Sei zu $\tau \in \{0,1\}$, $\nu \in \mathbb{N}_0$, $\nu \geq \tau$, $m \in \mathbb{N}_{\geq 2}$, $\vartheta \in [0, \pi/2)$

$$I_{\nu,m}^\tau(\vartheta) := \int_0^\infty \int_{-1}^1 \frac{(1-t^2)^{\frac{m-3}{2}}}{(\cos\vartheta\cosh\lambda - it\sin\vartheta\sinh\lambda)^{\nu+m+\frac{1}{2}}} dt (\cosh\lambda)^\tau (\sinh\lambda)^{m-1} \left(\frac{\sinh\lambda}{\lambda}\right)^{\frac{1}{2}} d\lambda.$$

Dies ist stets ein absolut konvergentes Integral, wie z.B. sofort aus dem Beweis von Lemma 4.5 folgen wird.

Satz 3.15 *Sei $\mathbb{H}_{n,m}$ eine Heisenberg-Typ-Gruppe mit $m \geq 2$. Sei $\kappa \in \Sigma^{n-1}$, $\omega = (\omega^1, \omega^2) \in S^{n,m}$ mit ω^1, $\omega^2 \neq 0$. Sei $\vartheta = \vartheta(\omega) \in [0, \pi/2)$ so, dass $\sin\vartheta = |\omega^2|$. Dann gilt*

$$\Phi_\kappa(\omega) = -d_{\nu,m}\left(f_{\nu,m}^1(\kappa,\omega)I_{\nu,m}^1(\vartheta) + e_{\nu,m}\sin\vartheta f_{\nu,m}^2(\kappa,\omega)I_{\nu-1,m+2}^0(\vartheta)\right),$$

wobei

$$d_{\nu,m} = \frac{c_{\nu,m} 2^{-\frac{m}{2}-1}}{\Gamma\left(\frac{m}{2}-\frac{1}{2}\right)\pi^{\frac{1}{2}}} \Gamma\left(\nu+m+\frac{1}{2}\right), \qquad e_{\nu,m} = \frac{\nu+m+\frac{1}{2}}{m-1},$$

$$f_{\nu,m}^1(\kappa,\omega) = \sum_{i=1}^{2\nu} \kappa_i \omega_i^1, \qquad f_{\nu,m}^2(\kappa,\omega) = \sum_{j,k} \left(\sum_{i=1}^{2\nu} \kappa_i A_{ij}^k\right) \frac{\omega_j^1 \omega_k^2}{|\omega^2|}$$

und $I_{\nu,m}^\iota(\vartheta)$ wie in Definition 3.14 ist.

Beweis: Für $1 \leq i \leq 2\nu$, $(u,z) \in \mathbb{H}_{n,m}$ gilt:

$$\mathscr{X}_i p_1(u,z) = \left(\frac{\partial}{\partial u_i} - \frac{1}{2}\sum_{j,k} A_{ij}^k u_j \frac{\partial}{\partial z_k}\right) p_1(u,z) = \frac{\partial}{\partial u_i} p_1(u,z) - \frac{1}{2}\sum_{j,k} A_{ij}^k u_j \frac{\partial}{\partial z_k} p_1(u,z),$$

und mit $m \geq 2$ und

$$p_1(u,z) = \frac{c_{v,m}}{|z|^{\frac{m}{2}-1}} \int_0^\infty \frac{\lambda^{v+\frac{m}{2}}}{(\sinh \lambda)^v} J_{\frac{m}{2}-1}(\lambda|z|) \exp\left(\frac{-|u|^2\lambda}{4\tanh \lambda}\right) d\lambda,$$

$$J_{\frac{m}{2}-1}(\lambda|z|) = \frac{2^{-(\frac{m}{2}-1)}(\lambda|z|)^{\frac{m}{2}-1}}{\Gamma\left(\frac{m}{2}-\frac{1}{2}\right)\pi^{\frac{1}{2}}} \int_{-1}^1 e^{i\lambda|z|t}(1-t^2)^{\frac{m-3}{2}} dt$$

gilt

$$\begin{aligned}
p_1(u,z) &= \frac{c_{v,m}2^{-\frac{m}{2}+1}}{\Gamma\left(\frac{m}{2}-\frac{1}{2}\right)\pi^{\frac{1}{2}}} \int_0^\infty \frac{\lambda^{v+m-1}}{(\sinh \lambda)^v} \int_{-1}^1 e^{i\lambda|z|t}(1-t^2)^{\frac{m-3}{2}} dt \exp\left(\frac{-|u|^2\lambda}{4\tanh \lambda}\right) d\lambda \\
&= \frac{c_{v,m}2^{-\frac{m}{2}+1}}{\Gamma\left(\frac{m}{2}-\frac{1}{2}\right)\pi^{\frac{1}{2}}} \int_0^\infty \int_{-1}^1 \frac{\lambda^{v+m-1}}{(\sinh \lambda)^v} \exp\left(\frac{-|u|^2\lambda}{4\tanh \lambda}+i\lambda|z|t\right)(1-t^2)^{\frac{m-3}{2}} dt d\lambda \\
&= 2d'_{v,m} \int_0^\infty \int_{-1}^1 \frac{\lambda^{v+m-1}}{(\sinh \lambda)^v} \exp\left(\frac{-|u|^2\lambda}{4\tanh \lambda}+i\lambda|z|t\right)(1-t^2)^{\frac{m-3}{2}} dt d\lambda,
\end{aligned}$$

wobei

$$d'_{v,m} := \frac{c_{v,m}2^{-\frac{m}{2}}}{\Gamma\left(\frac{m}{2}-\frac{1}{2}\right)\pi^{\frac{1}{2}}}.$$

Damit ist

$$\begin{aligned}
\frac{\partial}{\partial u_i}p_1(u,z) &= 2d'_{v,m} \int_0^\infty \int_{-1}^1 \frac{\lambda^{v+m-1}}{(\sinh \lambda)^v} \left(\frac{-2u_i\lambda}{4\tanh \lambda}\right) \exp\left(\frac{-|u|^2\lambda}{4\tanh \lambda}+i\lambda|z|t\right)(1-t^2)^{\frac{m-3}{2}} dt d\lambda \\
&= -d'_{v,m}u_i \int_0^\infty \int_{-1}^1 \frac{\lambda^{v+m}}{(\sinh \lambda)^{v+1}} \exp\left(\frac{-|u|^2\lambda}{4\tanh \lambda}+i\lambda|z|t\right)(1-t^2)^{\frac{m-3}{2}} dt \cosh \lambda \, d\lambda,
\end{aligned}$$

und folglich für $\omega = (\omega^1, \omega^2) \in S^{n,m}$:

$$\frac{\partial}{\partial u_i}p_1(\delta_r(\omega)) = \frac{\partial}{\partial u_i}p_1(r\omega^1, r^2\omega^2) = -rd'_{v,m}\omega_i^1 \tilde{I}_{1,v,m}(r,\omega),$$

wobei

$$\tilde{I}_{1,v,m}(r,\omega) := \int_0^\infty \int_{-1}^1 \frac{\lambda^{v+m}}{(\sinh \lambda)^{v+1}} \exp\left(-r^2\left(\frac{|\omega^1|^2\lambda}{4\tanh \lambda}-i\lambda|\omega^2|t\right)\right)(1-t^2)^{\frac{m-3}{2}} dt \cosh \lambda \, d\lambda.$$

Für die Ableitung von p_1 in zentrale Richtung gilt

$$\begin{aligned}
\frac{\partial}{\partial z_k}p_1(u,z) &= 2d'_{v,m} \int_0^\infty \int_{-1}^1 \frac{\lambda^{v+m-1}}{(\sinh \lambda)^v} \left(i\lambda t \frac{z_k}{|z|}\right) \exp\left(\frac{-|u|^2\lambda}{4\tanh \lambda}+i\lambda|z|t\right)(1-t^2)^{\frac{m-3}{2}} dt d\lambda \\
&= 2id'_{v,m}\frac{z_k}{|z|} \int_0^\infty \int_{-1}^1 \frac{\lambda^{v+m}}{(\sinh \lambda)^v} \exp\left(\frac{-|u|^2\lambda}{4\tanh \lambda}+i\lambda|z|t\right)t(1-t^2)^{\frac{m-3}{2}} dt d\lambda.
\end{aligned}$$

Es folgt

$$\frac{\partial}{\partial z_k}p_1(\delta_r(\omega)) = \frac{\partial}{\partial z_k}p_1(r\omega^1, r^2\omega^2) = 2id'_{v,m}\frac{\omega_k^2}{|\omega^2|}\tilde{I}_{2,v,m}(r,\omega)$$

mit

$$\tilde{I}_{2,v,m}(r,\omega) := \int_0^\infty \int_{-1}^1 \frac{\lambda^{v+m}}{(\sinh \lambda)^v} \exp\left(-r^2\left(\frac{|\omega^1|^2\lambda}{4\tanh \lambda}-i\lambda|\omega^2|t\right)\right)t(1-t^2)^{\frac{m-3}{2}} dt d\lambda.$$

Insgesamt ist dann also

$$\begin{aligned}\mathscr{X}_i p_1(\delta_r(\omega)) &= -d'_{\nu,m}\left(r\omega_i^1 \tilde{I}_{1,\nu,m}(r,\omega) - i\sum_{j,k} A_{ij}^k \frac{r\omega_j^1 \omega_k^2}{|\omega^2|} \tilde{I}_{2,\nu,m}(r,\omega)\right) \\ &= -d'_{\nu,m} r\left(\omega_i^1 \tilde{I}_{1,\nu,m}(r,\omega) - i\sum_{j,k} A_{ij}^k \frac{\omega_j^1 \omega_k^2}{|\omega^2|} \tilde{I}_{2,\nu,m}(r,\omega)\right),\end{aligned}$$

und damit

$$\begin{aligned}\sum_{i=1}^{2\nu} \kappa_i \mathscr{X}_i p_1(\delta_r(\omega)) &= -d'_{\nu,m} r\left(\sum_{i=1}^{2\nu} \kappa_i \omega_i^1 \tilde{I}_{1,\nu,m}(r,\omega) - i\sum_{j,k}\left(\sum_{i=1}^{2\nu} \kappa_i A_{ij}^k\right) \frac{\omega_j^1 \omega_k^2}{|\omega^2|} \tilde{I}_{2,\nu,m}(r,\omega)\right) \\ &= -d'_{\nu,m} r\left(f^1_{\nu,m}(\kappa,\omega) \tilde{I}_{1,\nu,m}(r,\omega) - if^2_{\nu,m}(\kappa,\omega) \tilde{I}_{2,\nu,m}(r,\omega)\right)\end{aligned}$$

mit $f^1_{\nu,m}(\kappa,\omega)$, $f^2_{\nu,m}(\kappa,\omega)$ wie in der Behauptung. Es ergibt sich

$$\begin{aligned}\Phi_\kappa(\omega) &= \int_0^\infty \sum_{i=1}^{2\nu} \kappa_i \mathscr{X}_i p_1(\delta_r(\omega)) r^{2\nu+2m-1} dr \\ &= -d'_{\nu,m}\left(f^1_{\nu,m}(\kappa,\omega) I_{1,\nu,m}(\omega) - if^2_{\nu,m}(\kappa,\omega) I_{2,\nu,m}(\omega)\right),\end{aligned} \quad (3.9)$$

wobei

$$I_{1,\nu,m}(\omega) = \int_0^\infty \tilde{I}_{1,\nu,m}(r,\omega) r^{2\nu+2m} dr, \quad I_{2,\nu,m}(\omega) = \int_0^\infty \tilde{I}_{2,\nu,m}(r,\omega) r^{2\nu+2m} dr.$$

Nun sollen die Terme $I_{1,\nu,m}(\omega)$ und $I_{2,\nu,m}(\omega)$ näher betrachtet werden. Bei $I_{1,\nu,m}(\omega)$ kann die Integrationsreihenfolge wegen der absoluten Integrierbarkeit vertauscht werden, und mit der Formel aus Lemma A.7 für das r-Integral gilt:

$$\begin{aligned}I_{1,\nu,m}(\omega) &= \int_0^\infty \tilde{I}_{1,\nu,m}(r,\omega) r^{2\nu+2m} dr \\ &= \int_0^\infty \int_0^\infty \int_{-1}^1 \frac{\lambda^{\nu+m}}{(\sinh\lambda)^{\nu+1}} \exp\left(-r^2\left(\frac{|\omega^1|^2 \lambda}{4\tanh\lambda} - i\lambda|\omega^2|t\right)\right) \\ &\qquad\qquad \cdot (1-t^2)^{\frac{m-3}{2}} dt \cosh\lambda \, d\lambda \, r^{2\nu+2m} dr \\ &= \int_0^\infty \int_{-1}^1 \int_0^\infty \exp\left(-r^2\left(\frac{|\omega^1|^2 \lambda}{4\tanh\lambda} - i\lambda|\omega^2|t\right)\right) r^{2\nu+2m} dr \\ &\qquad\qquad \cdot (1-t^2)^{\frac{m-3}{2}} dt \frac{\lambda^{\nu+m}}{(\sinh\lambda)^{\nu+1}} \cosh\lambda \, d\lambda \\ &= \frac{1}{2}\Gamma\left(\nu+m+\frac{1}{2}\right) \int_0^\infty \int_{-1}^1 \frac{(1-t^2)^{\frac{m-3}{2}}}{\left(\frac{|\omega^1|^2 \lambda}{4\tanh\lambda} - i\lambda|\omega^2|t\right)^{\nu+m+\frac{1}{2}}} dt \\ &\qquad\qquad \cdot \frac{\lambda^{\nu+m}}{(\sinh\lambda)^{\nu+1}} \cosh\lambda \, d\lambda.\end{aligned}$$

Es ist mit ϑ wie in Bemerkung 3.13

$$\left(\frac{|\omega^1|^2\lambda}{4\tanh\lambda} - i\lambda|\omega^2|t\right)^{-(\nu+m+\frac{1}{2})}$$
$$= \left(\cos\vartheta\frac{\lambda}{\tanh\lambda} - i\lambda t\sin\vartheta\right)^{-(\nu+m+\frac{1}{2})}$$
$$= \left(\frac{\lambda}{\sinh\lambda}\right)^{-(\nu+m+\frac{1}{2})}(\cos\vartheta\cosh\lambda - it\sinh\lambda\sin\vartheta)^{-(\nu+m+\frac{1}{2})},$$

wobei der letzte Schritt, das Herausziehen der negativen Potenz von $(\lambda/\sinh\lambda)$ möglich war, da $(\lambda/\sinh\lambda) > 0$ ist. Schließlich ist

$$\begin{aligned}
I_{1,\nu,m}(\omega) &= \frac{1}{2}\Gamma\left(\nu+m+\frac{1}{2}\right)\cdot\int_0^\infty\int_{-1}^1\frac{(1-t^2)^{\frac{m-3}{2}}}{(\cos\vartheta\cosh\lambda - it\sin\vartheta\sinh\lambda)^{\nu+m+\frac{1}{2}}}dt \\
&\quad\cdot\frac{\lambda^{\nu+m-\nu-m-\frac{1}{2}}}{(\sinh\lambda)^{\nu+1-\nu-m-\frac{1}{2}}}\cosh\lambda\, d\lambda \\
&= \frac{1}{2}\Gamma\left(\nu+m+\frac{1}{2}\right)\cdot\int_0^\infty\int_{-1}^1\frac{(1-t^2)^{\frac{m-3}{2}}}{(\cos\vartheta\cosh\lambda - it\sin\vartheta\sinh\lambda)^{\nu+m+\frac{1}{2}}}dt \\
&\quad\cdot\cosh\lambda(\sinh\lambda)^{m-1}\left(\frac{\sinh\lambda}{\lambda}\right)^{\frac{1}{2}}d\lambda \\
&= \frac{1}{2}\Gamma\left(\nu+m+\frac{1}{2}\right)I^1_{\nu,m}(\vartheta). \tag{3.10}
\end{aligned}$$

Für $I_{2,\nu,m}(\omega)$ gilt:

$$\begin{aligned}
&I_{2,\nu,m}(\omega) \\
&= \int_0^\infty \tilde{I}_{2,\nu,m}(r,\omega)r^{2\nu+2m}dr \\
&= \int_0^\infty\int_0^\infty\int_{-1}^1\frac{\lambda^{\nu+m}}{(\sinh\lambda)^\nu}\exp\left(-r^2\left(\frac{|\omega^1|^2\lambda}{4\tanh\lambda} - i\lambda|\omega^2|t\right)\right)t(1-t^2)^{\frac{m-3}{2}}dt\,d\lambda\, r^{2\nu+2m}dr \\
&= \int_0^\infty\int_{-1}^1\int_0^\infty\exp\left(-r^2\left(\frac{|\omega^1|^2\lambda}{4\tanh\lambda} - i\lambda|\omega^2|t\right)\right)r^{2\nu+2m}dr\,t(1-t^2)^{\frac{m-3}{2}}dt\,\frac{\lambda^{\nu+m}}{(\sinh\lambda)^\nu}d\lambda \\
&= \frac{1}{2}\Gamma\left(\nu+m+\frac{1}{2}\right)\int_0^\infty\int_{-1}^1\frac{t(1-t^2)^{\frac{m-3}{2}}}{\left(\frac{|\omega^1|^2\lambda}{4\tanh\lambda} - i\lambda|\omega^2|t\right)^{\nu+m+\frac{1}{2}}}dt\,\frac{\lambda^{\nu+m}}{(\sinh\lambda)^\nu}d\lambda \\
&= \frac{1}{2}\Gamma\left(\nu+m+\frac{1}{2}\right) \\
&\quad\cdot\int_0^\infty\int_{-1}^1\frac{t(1-t^2)^{\frac{m-3}{2}}}{(\cos\vartheta\cosh\lambda - it\sin\vartheta\sinh\lambda)^{\nu+m+\frac{1}{2}}}dt\,(\sinh\lambda)^m\left(\frac{\sinh\lambda}{\lambda}\right)^{\frac{1}{2}}d\lambda. \tag{3.11}
\end{aligned}$$

Wir werden nun im inneren Integral einmal eine partielle Integration ausführen, um dieses Doppelintegral auf eine $I^1_{\nu,m}(\omega)$ ähnliche Gestalt zu bringen. Es gilt nämlich:

$$t \mapsto -\frac{1}{m-1}(1-t^2)^{\frac{m-1}{2}}$$

ist eine Stammfunktion der Zählerfunktion $t \mapsto t(1-t^2)^{\frac{m-3}{2}}$ des Integranden, die sowohl in 1 als auch in -1 verschwindet. Es folgt dann mit partieller Integration:

$$\int_{-1}^{1} \frac{t(1-t^2)^{\frac{m-3}{2}}}{(\cos\vartheta\cosh\lambda - it\sin\vartheta\sinh\lambda)^{\nu+m+\frac{1}{2}}} dt$$

$$= i\frac{\nu+m+\frac{1}{2}}{m-1}\sin\vartheta\sinh\lambda \int_{-1}^{1} \frac{(1-t^2)^{\frac{m-1}{2}}}{(\cos\vartheta\cosh\lambda - it\sin\vartheta\sinh\lambda)^{\nu+m+\frac{3}{2}}} dt$$

$$= i\frac{\nu+m+\frac{1}{2}}{m-1}\sin\vartheta\sinh\lambda \int_{-1}^{1} \frac{(1-t^2)^{\frac{(m+2)-3}{2}}}{(\cos\vartheta\cosh\lambda - it\sin\vartheta\sinh\lambda)^{(\nu-1)+(m+2)+\frac{1}{2}}} dt.$$

Durch die partielle Integration gewinnt man unter anderem einen Faktor $\sinh\lambda$, so dass sich die Potenzen wie folgt ergänzen:

$$\sinh\lambda(\sinh\lambda)^m = (\sinh\lambda)^{(m+2)-1}.$$

Insgesamt ergibt sich also

$$I_{2,\nu,m}(\omega)$$
$$= i\frac{1}{2}\Gamma\left(\nu+m+\frac{1}{2}\right)e_{\nu,m}\sin\vartheta$$
$$\cdot \int_0^\infty \int_{-1}^1 \frac{(1-t^2)^{\frac{(m+2)-3}{2}}}{(\cos\vartheta\cosh\lambda - it\sin\vartheta\sinh\lambda)^{(\nu-1)+(m+2)+\frac{1}{2}}} dt (\sinh\lambda)^{(m+2)-1} \left(\frac{\sinh\lambda}{\lambda}\right)^{\frac{1}{2}} d\lambda$$
$$= i\frac{1}{2}\Gamma\left(\nu+m+\frac{1}{2}\right)e_{\nu,m}\sin\vartheta I^0_{\nu-1,m+2}(\vartheta). \tag{3.12}$$

Setzt man nun die Ergebnisse für $I_{1,\nu,m}(\omega)$ und $I_{2,\nu,m}(\omega)$ aus (3.10) bzw. (3.12) in die Formel (3.9) für $\Phi_\kappa(\omega)$ ein, so ergibt sich

$$\Phi_\kappa(\omega) = -d'_{\nu,m}\left(f^1_{\nu,m}(\kappa,\omega)I_{1,\nu,m}(\omega) - if^2_{\nu,m}(\kappa,\omega)I_{2,\nu,m}(\omega)\right)$$
$$= -\frac{1}{2}d'_{\nu,m}\Gamma\left(\nu+m+\frac{1}{2}\right)\left(f^1_{\nu,m}(\kappa,\omega)I^1_{\nu,m}(\vartheta) - if^2_{\nu,m}(\kappa,\omega)(ie_{\nu,m}\sin\vartheta I^0_{\nu-1,m+2}(\vartheta))\right).$$

Mit $d'_{\nu,m} = \frac{c_{\nu,m}2^{-\frac{m}{2}}}{\Gamma\left(\frac{m}{2}-\frac{1}{2}\right)\pi^{\frac{1}{2}}}$ und

$$d_{\nu,m} := \frac{c_{\nu,m}2^{-\frac{m}{2}-1}}{\Gamma\left(\frac{m}{2}-\frac{1}{2}\right)\pi^{\frac{1}{2}}}\Gamma\left(\nu+m+\frac{1}{2}\right) = \frac{1}{2}d'_{\nu,m}\Gamma\left(\nu+m+\frac{1}{2}\right)$$

folgt dann, dass

$$\Phi_\kappa(\omega) = -d_{\nu,m}\left(f^1_{\nu,m}(\kappa,\omega)I^1_{\nu,m}(\vartheta) + e_{\nu,m}\sin\vartheta f^2_{\nu,m}(\kappa,\omega)I^0_{\nu-1,m+2}(\vartheta)\right).$$

□

Kapitel 4

Die Operatornorm des Vektors der Riesz-Transformationen

4.1 Das Hauptergebnis

In diesem Kapitel werden nun alle nötigen Berechnungen durchgeführt, um die Operatornorm des Vektors der Riesztransformationen auf einer Heisenberg-Typ-Gruppe abzuschätzen. Um dieses Hauptergebnis herzuleiten, ist nach Lemma 3.12 eine Abschätzung des Terms $||\Phi_\kappa(\omega)||_{L^q(d\mu(\omega))}$ hilfreich. Ziel dieses Kapitels ist daher der Beweis des folgenden Satzes:

Satz 4.1 *Sei $\mathbb{H}_{n,m}$ eine Heisenberg-Typ-Gruppe mit $m \geq 2$, $p \in (1,\infty)$ und q der zu p konjugierte Exponent (also $1/p+1/q=1$). Es existiert eine nicht von n, m abhängige Konstante $C_q > 0$ so, dass für alle $\kappa \in \Sigma^{n-1}$ gilt*

$$||\Phi_\kappa(\omega)||_{L^q(d\mu(\omega))} \leq C_q e^{0.45 m} \mu\left(S^{n,m}\right)^{\frac{1}{q}-1}.$$

Der Beweis wird sich aus verschiedenen Lemmata zusammensetzen, die in diesem Kapitel bewiesen werden.

Mithilfe dieses Satzes kann dann das Hauptergebnis formuliert werden:

Theorem 4.2 *Sei $p \in (1,\infty)$, $\mathbb{H}_{n,m}$ eine Heisenberg-Typ-Gruppe,*

$$\mathscr{R} : W \to L^p\left(\mathbb{H}_{n,m}, l_n^2\right), \quad f \mapsto (R_1 f, \dots, R_n f)$$

der Vektor der Riesz-Transformationen auf $\mathbb{H}_{n,m}$ mit R_i wie in 3.7 für $i \in \{1,\dots,n\}$, $|\mathscr{R}f(x)|$ wie in

Definition 3.9. Es existiert eine von n und m unabhängige Konstante C_p so, dass für alle $f \in W$ gilt:

$$C_p^{-1} e^{-0,45m} ||f||_{L^p(\mathbb{H}_{n,m})} \leq || |\mathscr{R}f| ||_{L^p(\mathbb{H}_{n,m})} \leq C_p e^{0,45m} ||f||_{L^p(\mathbb{H}_{n,m})} . \tag{4.1}$$

Damit ist dann R_i für jedes $i \in \{1,\ldots,n\}$ eindeutig stetig auf $L^p(\mathbb{H}_{n,m})$ fortsetzbar und die Ungleichungskette (4.1) gilt damit auch für jedes $f \in L^p(\mathbb{H}_{n,m})$ mit den fortgesetzten Operatoren.

Beweis: Im Fall $m = 1$ ist $\mathbb{H}_{n,1}$ stets isomorph zur Heisenberg-Gruppe $\mathbb{H}_{n/2}$. Auf dieser ist das Ergebnis seit [C-M-Z] bekannt; wegen der Isomorphie gilt es deswegen auch auf $\mathbb{H}_{n,1}$. Sei im Folgenden also $m \geq 2$. Mit Satz 4.1 gilt für alle $f \in W$:

$$||\Phi_\kappa(\omega)||_{L^q(d\mu(\omega))} \leq C_q e^{0,45m} \mu(S^{n,m})^{\frac{1}{q}-1} .$$

Also gilt mit Lemma 3.12 die rechte Seite der Ungleichungskette (4.1) für alle $f \in W$. Damit lässt sich $\mathscr{R}$ eindeutig stetig auf $L^p(\mathbb{H}_{n,m})$ fortsetzen, so dass der fortgesetzte und mit $\overline{\mathscr{R}}$ bezeichnete Operator dieselbe Operatornorm hat wie $\mathscr{R}$. Ferner gilt, dass für $p' \in (1,\infty)$ die L^p- und die $L^{p'}$-Fortsetzung von $\overline{\mathscr{R}}$ auf $L^p(\mathbb{H}_{n,m}) \cap L^{p'}(\mathbb{H}_{n,m})$ übereinstimmen. Das gleiche gilt für die R_i auf $L^p(\mathbb{H}_{n,m})$, auch sie lassen sich eindeutig stetig zu Operatoren $\overline{R}_i$ fortsetzen. Ist q der zu p konjugierte Exponent, so wissen wir also, dass $\overline{\mathscr{R}} : L^q(\mathbb{H}_{n,m}) \to L^q(\mathbb{H}_{n,m}, l_n^2)$ durch die Operatornorm $C_q e^{0,45m}$ beschränkt ist. Dann muss nach [Ru1], Theorem 4.10 aber auch

$$(\overline{\mathscr{R}})^* : (L^q(\mathbb{H}_{n,m}, l_n^2))' = L^p(\mathbb{H}_{n,m}, l_n^2) \to L^p(\mathbb{H}_{n,m}) = (L^q(\mathbb{H}_{n,m}))'$$

durch dieselbe Operatornorm beschränkt sein. Hierbei ist wieder die Bezeichnung $(\overline{\mathscr{R}})^*$ eindeutig, da für $p' \in (1,\infty)$ die zu $\overline{\mathscr{R}}$ adjungierten Operatoren auf $L^p(\mathbb{H}_{n,m})$ bzw. $L^{p'}(\mathbb{H}_{n,m})$ auf dem Schnitt $L^q(\mathbb{H}_{n,m}, l_n^2) \cap L^{q'}(\mathbb{H}_{n,m}, l_n^2)$ übereinstimmen. Ist f wie in Lemma 2.17 in W, so gilt nach 2.17 in $L^2(\mathbb{H}_{n,m})$:

$$f = \Delta^{-\frac{1}{2}} \Delta \Delta^{-\frac{1}{2}} f = \Delta^{-\frac{1}{2}} \left(-\sum_{i=1}^n \mathscr{X}_i^2\right) \Delta^{-\frac{1}{2}} f = -\sum_{i=1}^n \Delta^{-\frac{1}{2}} \mathscr{X}_i^2 \Delta^{-\frac{1}{2}} f = -\sum_{i=1}^n \Delta^{-\frac{1}{2}} \mathscr{X}_i R_i f. \tag{4.2}$$

Für $f \in W$ gilt nun:

$$(\overline{R}_i)^* R_i f = -\Delta^{-\frac{1}{2}} \mathscr{X}_i R_i f. \tag{4.3}$$

Dies zeigt sich sehr schnell im Fall $p = 2$. Es gilt dort nämlich für alle $g \in W$, da $R_i f$ nach Lemma 2.18 stets eine glatte L^2-Funktion ist, und $\Delta^{-\frac{1}{2}} g$ einen glatten L^2-Repräsentanten besitzt: es darf partiell integriert werden, und

$$<\mathscr{X}_i R_i f, \Delta^{-\frac{1}{2}} g> = -<R_i f, \mathscr{X}_i \Delta^{-\frac{1}{2}} g> = -<R_i f, R_i g>. \tag{4.4}$$

Da R_i beschränkt und W dicht in $\mathscr{D}(\Delta^{-1/2})$ ist, ist die Abbildung

$$g \mapsto <\mathscr{X}_i R_i f, \Delta^{-\frac{1}{2}}g>$$

stetig auf $\mathscr{D}(\Delta^{-1/2})$. Damit ist $\mathscr{X}_i R_i f \in \mathscr{D}((\Delta^{-1/2})^\star)$, und für alle $g \in W$ gilt

$$<\mathscr{X}_i R_i f, \Delta^{-\frac{1}{2}}g> = <(\Delta^{-\frac{1}{2}})^\star \mathscr{X}_i R_i f, g>.$$

Da nach dem Spektralsatz $\Delta^{-1/2} = \left(\Delta^{-1/2}\right)^\star$ gilt, ist dann auch

$$<\mathscr{X}_i R_i f, \Delta^{-\frac{1}{2}}g> = <\Delta^{-\frac{1}{2}}\mathscr{X}_i R_i f, g>$$

für alle $g \in W$. Mit Gleichung (4.4) folgt aber ebenfalls für alle $g \in W$:

$$<\mathscr{X}_i R_i f, \Delta^{-\frac{1}{2}}g> = -<R_i f, R_i g> = -<R_i f, \overline{R_i}g> = -<\left(\overline{R_i}\right)^\star R_i f, g>.$$

Da W dicht in $L^2(\mathbb{H}_{n,m})$ ist, muss dann auch

$$\left(\overline{R_i}\right)^\star R_i f = -\Delta^{-\frac{1}{2}}\mathscr{X}_i R_i f$$

in L^2 gelten. Für $p \neq 2$ folgt die Gleichung (4.3) dann unter Ausnutzung der Tatsache, dass der zu $\overline{R_i}$ adjungierte Operator auf $L^p(\mathbb{H}_{n,m})$ auf $L^p(\mathbb{H}_{n,m}) \cap L^2(\mathbb{H}_{n,m})$ mit der Hilbertraumadjungierten übereinstimmt. Mit Gleichung (4.2) folgt dann:

$$f = \sum_{i=1}^{n} \left(\overline{R_i}\right)^\star R_i f = (\overline{\mathscr{R}})^\star \mathscr{R} f.$$

Damit folgt dann für alle $f \in W$

$$||f||_{L^p(\mathbb{H}_{n,m})} = ||(\overline{\mathscr{R}})^\star \mathscr{R} f||_{L^p(\mathbb{H}_{n,m})} \leq C_q e^{0,45m} ||\,|\mathscr{R} f|\,||_{L^p(\mathbb{H}_{n,m})}. \tag{4.5}$$

Da aber W dicht in $L^p(\mathbb{H}_{n,m})$ bezüglich der L^p-Norm ist und $\mathscr{R}$ stetig fortsetzbar, muss die Ungleichung 4.5 auch für alle $f \in L^p(\mathbb{H}_{n,m})$ und für den fortgesetzten Operator $\overline{\mathscr{R}}$ gelten. Insgesamt ist also mit $C'_p := \max\{C_p, C_q\}$ für alle $f \in L^p(\mathbb{H}_{n,m})$:

$$C'^{-1}_p e^{-0,45m}||f||_{L^p(\mathbb{H}_{n,m})} \leq ||\,|\mathscr{R} f|\,||_{L^p(\mathbb{H}_{n,m})} \leq C'_p e^{0,45m}||f||_{L^p(\mathbb{H}_{n,m})}.$$

$\square$

4.2 Eine hinreichende Bedingung an die Komponenten von $\Phi_\kappa(\omega)$

Satz 4.3 *Sei $\mathbb{H}_{n,m}$ eine Heisenberg-Typ-Gruppe mit $m \geq 2$. Falls die folgenden Abschätzungen gelten:*
(i): es existiert eine von ν und m unabhängige Konstante C, so dass

$$|I^1_{\nu,m}(\vartheta)| \leq C \cdot C(\nu,m)$$

und

$$e_{\nu,m}\sin\vartheta|I^0_{\nu-1,m+2}(\vartheta)| \leq C\cdot C(\nu,m)$$

für alle $\vartheta \in (0,\pi/2)$ *und mit*

$$C(\nu,m) = \frac{1}{\Gamma\left(\nu+m+\frac{1}{2}\right)}\nu^{\frac{\nu}{2}}(\nu+m)^{\frac{\nu}{2}+\frac{m}{2}}m^{\frac{m}{2}-1}e^{-\nu-m+0,45m},$$

$e_{\nu,m}$ *wie in Lemma 3.15,*

(ii): es existiert eine von ν *und* m *unabhängige Konstante* C_q, *so dass*

$$\|f^i_{\nu,m}(\kappa,\cdot)\|^q_{L^q(d\mu(\omega))} \leq C_q D(\nu,m,q)$$

für alle $\kappa \in \Sigma^{n-1}$, $i \in \{1,2\}$ *und mit*

$$D(\nu,m,q) := 2^{2\nu+\frac{m}{2}}\pi^{\nu+\frac{m}{2}}e^{\nu+\frac{m}{2}}\nu^{-\frac{\nu}{2}-\frac{q}{4}}\left(\nu+m+\frac{q}{2}\right)^{-\frac{\nu}{2}-\frac{m}{2}-\frac{q}{4}+\frac{1}{2}},$$

so gilt: es existiert eine nur von q *abhängige Konstante* $C_q > 0$ *so, dass für alle* $\kappa \in \Sigma^{n-1}$ *gilt*

$$\|\Phi_\kappa(\omega)\|_{L^q(d\mu(\omega))} \leq C_q e^{0,45m}\mu\left(S^{n,m}\right)^{\frac{1}{q}-1},$$

also die Aussage von Satz 4.1.

Beweis: Wir setzen nun voraus, dass die Aussagen *(i)* und *(ii)* gelten. Dann folgt mit der in Satz 3.15 gegebenen Formel für $\Phi_\kappa(\omega)$:

$$\begin{aligned}&\|\Phi_\kappa(\omega)\|^q_{L^q(d\mu(\omega))}\\
=\ &\int_{S^{n,m}}|\Phi_\kappa(\omega)|^q d\mu(\omega)\\
=\ &d^q_{\nu,m}\int_{S^{n,m}}|f^1_{\nu,m}(\kappa,\omega)I^1_{\nu,m}(\vartheta(\omega))+e_{\nu,m}\sin\vartheta(\omega)f^2_{\nu,m}(\kappa,\omega)I^0_{\nu-1,m+2}(\vartheta(\omega))|^q d\mu(\omega)\\
\leq\ &C'_q d^q_{\nu,m}\int_{S^{n,m}}|f^1_{\nu,m}(\kappa,\omega)I^1_{\nu,m}(\vartheta(\omega))|^q+|e_{\nu,m}\sin\vartheta(\omega)f^2_{\nu,m}(\kappa,\omega)I^0_{\nu-1,m+2}(\vartheta(\omega))|^q d\mu(\omega)\\
\leq\ &C''_q d^q_{\nu,m}C(\nu,m)^q D(\nu,m,q).\end{aligned} \tag{4.6}$$

Nun sollen die einzelnen Faktoren mithilfe der Stirlingformel (siehe Lemma A.8) abgeschätzt werden. Für $d_{\nu,m}$ gilt mit $c_{\nu,m}$ wie in Lemma 2.11:

$$\begin{aligned}d_{\nu,m} &= \frac{c_{\nu,m}2^{-\frac{m}{2}-1}}{\Gamma\left(\frac{m}{2}-\frac{1}{2}\right)\pi^{\frac{1}{2}}}\Gamma\left(\nu+m+\frac{1}{2}\right)\\
&= \frac{(2\pi)^{-\nu-\frac{m}{2}}2^{-\nu}2^{-\frac{m}{2}-1}}{\Gamma\left(\frac{m}{2}-\frac{1}{2}\right)\pi^{\frac{1}{2}}}\Gamma\left(\nu+m+\frac{1}{2}\right)\\
&= \frac{2^{-2\nu-m-1}\pi^{-\nu-\frac{m}{2}-\frac{1}{2}}}{\Gamma\left(\frac{m}{2}-\frac{1}{2}\right)}\Gamma\left(\nu+m+\frac{1}{2}\right)\end{aligned}$$

$$\leq C 2^{-2\nu-m} \pi^{-\nu-\frac{m}{2}} e^{\frac{m}{2}} \left(\frac{m-1}{2}\right)^{-\left(\frac{m}{2}-1\right)} \Gamma\left(\nu+m+\frac{1}{2}\right)$$
$$= C 2^{-2\nu-\frac{m}{2}} \pi^{-\nu-\frac{m}{2}} e^{\frac{m}{2}} (m-1)^{-\frac{m}{2}+1} \Gamma\left(\nu+m+\frac{1}{2}\right),$$

also ist
$$d_{\nu,m}^q \leq C^q 2^{-2q\nu-\frac{qm}{2}} \pi^{-q\nu-\frac{qm}{2}} e^{\frac{qm}{2}} (m-1)^{-\frac{qm}{2}+q} \Gamma\left(\nu+m+\frac{1}{2}\right)^q.$$

Multipliziert man nun den Term (4.6) aus, so ergibt sich

$$C_q'' d_{\nu,m}^q C(\nu,m)^q D(\nu,m,q)$$
$$= C_q'' 2^{-2q\nu-\frac{qm}{2}} \pi^{-q\nu-\frac{qm}{2}} e^{\frac{qm}{2}} (m-1)^{-\frac{qm}{2}+q} \Gamma\left(\nu+m+\frac{1}{2}\right)^q$$
$$\cdot \frac{1}{\Gamma\left(\nu+m+\frac{1}{2}\right)^q} \nu^{\frac{q\nu}{2}} (\nu+m)^{\frac{q\nu}{2}+\frac{qm}{2}} m^{\frac{qm}{2}-q} e^{-q\nu-qm+0{,}45qm}$$
$$\cdot 2^{2\nu+\frac{m}{2}} \pi^{\nu+\frac{m}{2}} e^{\nu+\frac{m}{2}} \nu^{-\frac{\nu}{2}-\frac{q}{4}} \left(\nu+m+\frac{q}{2}\right)^{-\frac{\nu}{2}-\frac{m}{2}-\frac{q}{4}+\frac{1}{2}}$$
$$= C_q'' 2^{-2q\nu-\frac{qm}{2}+2\nu+\frac{m}{2}} \pi^{-q\nu-\frac{qm}{2}+\nu+\frac{m}{2}} e^{\frac{qm}{2}-q\nu-qm+0{,}45qm+\nu+\frac{m}{2}}$$
$$\cdot \nu^{\frac{q\nu}{2}-\frac{\nu}{2}-\frac{q}{4}} (\nu+m)^{\frac{q\nu}{2}+\frac{qm}{2}} \left(\nu+m+\frac{q}{2}\right)^{-\frac{\nu}{2}-\frac{m}{2}-\frac{q}{4}+\frac{1}{2}}$$
$$\cdot m^{\frac{qm}{2}-q} (m-1)^{-\frac{qm}{2}+q}$$
$$\leq C_q'' e^{0{,}45qm} 2^{-2q\nu-\frac{qm}{2}+2\nu+\frac{m}{2}} \pi^{-q\nu-\frac{qm}{2}+\nu+\frac{m}{2}} e^{-q\nu-\frac{qm}{2}+\nu+\frac{m}{2}}$$
$$\cdot \nu^{\frac{q\nu}{2}-\frac{\nu}{2}} (\nu+m)^{\frac{q\nu}{2}+\frac{qm}{2}-\frac{\nu}{2}-\frac{m}{2}-\frac{q}{4}+\frac{1}{2}}$$
$$\cdot \nu^{-\frac{q}{4}} m^{\frac{qm}{2}-q} (m-1)^{-\frac{qm}{2}+q}. \qquad (4.7)$$

Die letzte Zeile dieses Terms soll nun weiter abgeschätzt werden. Dafür betrachten wir zunächst den Term $\nu^{-\frac{q}{4}}$: Nach Lemma 2.24 ist m/ν gleichmäßig durch eine Konstante C beschränkt. Dann folgt für jedes $q \in (1,\infty)$:

$$\nu^{-\frac{q}{4}} = \left(\frac{\nu+m}{\nu}\right)^{\frac{q}{4}} (\nu+m)^{-\frac{q}{4}} \leq (1+C)^{\frac{q}{4}} (\nu+m)^{-\frac{q}{4}} \leq C_q (\nu+m)^{-\frac{q}{4}}.$$

Da außerdem mit Lemma A.1 gilt, dass

$$m^{\frac{qm}{2}-q} (m-1)^{-\frac{qm}{2}+q} = \left(\left(1+\frac{1}{m-1}\right)^{m-2}\right)^{\frac{q}{2}} \leq e^{\frac{q}{2}},$$

folgt mit (4.7)

$$C_q'' d_{\nu,m}^q C(\nu,m)^q D(\nu,m,q)$$
$$\leq C_q''' e^{0{,}45qm} 2^{-2q\nu-\frac{qm}{2}+2\nu+\frac{m}{2}} \pi^{-q\nu-\frac{qm}{2}+\nu+\frac{m}{2}} e^{-q\nu-\frac{qm}{2}+\nu+\frac{m}{2}} \nu^{\frac{q\nu}{2}-\frac{\nu}{2}} (\nu+m)^{\frac{q\nu}{2}+\frac{qm}{2}-\frac{\nu}{2}-\frac{m}{2}-\frac{q}{2}+\frac{1}{2}}.$$

Da nach Korollar 2.21 mit einer von ν und m unabhängigen Konstante C gilt:

$$\mu(S^{n,m}) \leq C 2^{2\nu+\frac{m}{2}} \pi^{\nu+\frac{m}{2}} e^{\nu+\frac{m}{2}} \nu^{-\frac{\nu}{2}} (\nu+m)^{-\left(\frac{\nu}{2}+\frac{m}{2}-\frac{1}{2}\right)}$$

folgt sofort mit $1-q < 0$, dass mit einer nur von q abhängigen Konstante C_q'''' gilt:

$$C_q'''' d_{\nu,m}^q C(\nu,m)^q D(\nu,m,q) \leq e^{0,45qm} \mu(S^{n,m})^{1-q},$$

und damit

$$\|\Phi_\kappa(\omega)\|_{L^q(d\mu(\omega))} \leq C_q e^{0,45m} \mu(S^{n,m})^{\frac{1}{q}-1}.$$

□

4.3 Die Abschätzung der Komponenten von $\Phi_\kappa(\omega)$

In diesem Abschnitt sollen die Integrale $I_{\nu,m}^\tau(\vartheta)$ und die Terme $\|f_{\nu,m}^i(\kappa,\cdot)\|_{L^q(d\mu(\omega))}^q$ abgeschätzt werden. Ist dies für die letzteren eher Standard (siehe Unterabschnitt 4.3.4), so müssen für die $I_{\nu,m}^\tau(\vartheta)$ differenzierte Methoden angewendet werden. Wie man im folgenden Unterabschnitt 4.3.1 sehen wird, liefert die naive Abschätzung durch Anwenden der Dreiecksungleichung nur für „kleine" ϑ eine hinreichend gute Abschätzung. Der Unterabschnitt 4.3.2 wird dann eine andere Formel für $I_{\nu,m}^\tau(\vartheta)$ erbringen, mit der im Unterabschnitt 4.3.3 auch für „große" ϑ hinreichend gute Abschätzungen erzielt werden können. In der folgenden Definition wird nun für $\tau \in \{0,1\}$ eine Grenze ϑ_τ gegeben, so dass die erzielten Abschätzungen für $\vartheta \leq \vartheta_\tau$ und $\vartheta \geq \vartheta_\tau$ in etwa gleich gut sind. Dabei ist die Unterscheidung aus einem technischen Grund notwendig: für gegebenes ν und m benötigt man von $I_{\nu,m}^1(\vartheta)$ und $I_{\nu-1,m+2}^0(\vartheta)$ Abschätzungen für größere und kleinere ϑ als $\sqrt{0,9 \cdot m/\nu}$.

Definition 4.4 Sei für $\nu, m \in \mathbb{N}, m \geq 2$

$$\vartheta_0(\nu,m) = \sqrt{\frac{0,9(m-2)}{\nu+1}}, \qquad \vartheta_1(\nu,m) = \sqrt{\frac{0,9 \cdot m}{\nu}}.$$

Nach Lemma 2.24 gilt dann für $\tau \in \{0,1\}$ stets $\vartheta_\tau(\nu,m) \in (0,\pi/2)$.

4.3.1 Das Integral $I_{\nu,m}^\tau(\vartheta)$ für $\vartheta \leq \vartheta_\tau(\nu,m)$

Im Folgenden Abschnitt werden die Integrale $I_{\nu,m}^\tau(\vartheta)$ für kleine Winkel ϑ untersucht, und es wird gezeigt, dass sie sich auf die gewünschte Art abschätzen lassen (siehe Satz 4.3).

Lemma 4.5 Seien $\nu, m \in \mathbb{N}, m \geq 2$ so, dass eine Heisenberg-Typ-Gruppe $\mathbb{H}_{n,m}$ existiert. Sei $\vartheta \in (0, \vartheta_1(\nu,m))$. Dann gilt: es existiert eine von ν, m, ϑ unabhängige Konstante C so, dass

$$|I_{\nu,m}^1(\vartheta)| \leq C \cdot C(\nu,m)$$

mit $C(\nu,m)$ wie in Satz 4.3.

Beweis: Sei $\vartheta < \vartheta_1(\nu,m)$. Es gilt mit Lemma A.2:

$$|I^1_{\nu,m}(\vartheta)|$$
$$= \left|\int_0^\infty \int_{-1}^1 \frac{(1-t^2)^{\frac{m-3}{2}}}{(\cos\vartheta\cosh\lambda - it\sin\vartheta\sinh\lambda)^{\nu+m+\frac{1}{2}}} dt \cosh\lambda (\sinh\lambda)^{m-1}\left(\frac{\sinh\lambda}{\lambda}\right)^{\frac{1}{2}} d\lambda\right|$$
$$\leq \int_0^\infty \int_{-1}^1 \frac{(1-t^2)^{\frac{m-3}{2}}}{|\cos\vartheta\cosh\lambda - it\sin\vartheta\sinh\lambda|^{\nu+m+\frac{1}{2}}} dt \cosh\lambda (\sinh\lambda)^{m-1}\left(\frac{\sinh\lambda}{\lambda}\right)^{\frac{1}{2}} d\lambda$$
$$\leq C\int_0^\infty \int_{-1}^1 \frac{(1-t^2)^{\frac{m-3}{2}}}{(\cos\vartheta\cosh\lambda)^{\nu+m+\frac{1}{2}}} dt \cosh\lambda (\sinh\lambda)^{m-1}(\cosh\lambda)^{\frac{1}{2}} d\lambda$$
$$= \frac{C}{(\cos\vartheta)^{\nu+m+\frac{1}{2}}} \int_{-1}^1 (1-t^2)^{\frac{m-3}{2}} dt \int_0^\infty (\sinh\lambda)^{m-1}(\cosh\lambda)^{-(\nu+m-1)} d\lambda$$
$$= \frac{C}{(\cos\vartheta)^{\nu+m+\frac{1}{2}}} B\left(\frac{m-1}{2},\frac{1}{2}\right) B\left(\frac{m}{2},\frac{\nu}{2}\right).$$

Mit der Stirlingformel (siehe Lemma A.8) gilt

$$|I^1_{\nu,m}(\vartheta)| \leq \frac{C}{(\cos\vartheta)^{\nu+m+\frac{1}{2}}}(m-1)^{\frac{m}{2}-1}m^{-\frac{m}{2}+\frac{1}{2}}m^{\frac{m}{2}-\frac{1}{2}}\nu^{\frac{\nu}{2}-\frac{1}{2}}(\nu+m)^{-\frac{\nu}{2}-\frac{m}{2}+\frac{1}{2}}$$
$$\leq \frac{C}{(\cos\vartheta)^{\nu+m+\frac{1}{2}}}m^{\frac{m}{2}-1}\nu^{\frac{\nu}{2}-\frac{1}{2}}(\nu+m)^{-\frac{\nu}{2}-\frac{m}{2}+\frac{1}{2}}. \tag{4.8}$$

Es gilt nun aber mit einer von ν, m, $\vartheta < \vartheta_1(\nu,m)$ unabhängigen Konstante C:

$$(\cos\vartheta)^{-(\nu+m+\frac{1}{2})} \leq Ce^{0,45m}.$$

Um dies zu beweisen, betrachten wir zuerst den Fall, dass $\nu \leq 9$ ist. Da eine Heisenberg-Typ-Gruppe $\mathbb{H}_{n,m}$ existiert, gilt nach Lemma 2.22, dass $m \leq 2\log_2 \nu + 3$. Offenbar ist dann m beschränkt. Also existiert ein $C > 0$ unabhängig von ν, m und $\vartheta < \vartheta_1$ so, dass

$$(\cos\vartheta)^{-(\nu+m+\frac{1}{2})} \leq Ce^{0,45m}.$$

Falls aber $\nu > 9$ gilt, so ist stets

$$\nu > 1,8\log_2\nu + 2,7 = 1,8\log_2 e \log\nu + 2,7. \tag{4.9}$$

Definiert man nämlich

$$f:[9,\infty) \to \mathbb{R}, x \mapsto x, \qquad g:[9,\infty) \to \mathbb{R}, x \mapsto 1,8\log_2 e\log x + 2,7$$

so ist $f(9) = 9 > 5,76 + 2,7 = 1,8 \cdot 3,2 + 2,7 > 1,8\log_2 9 + 2,7 = g(9)$, und für $\nu > 9$ folgt (4.9) mit einer Standardabschätzung über den Hauptsatz der Differential- und Integralrechnung. Es folgt dann mit (4.9) und Lemma 2.22:

$$\frac{0,9 \cdot m}{v} \leq \frac{0,9(2\log_2 v + 3)}{v} = \frac{1,8\log_2 v + 2,7}{v} < 1$$

und damit insbesondere auch $v - 0,9 \cdot m > 0$. Damit ist dann

$$\begin{aligned}
(\cos\vartheta)^{-(v+m+\frac{1}{2})} &\leq (\cos\vartheta_1(v,m))^{-(v+m+\frac{1}{2})} \\
&= (1-(\sin\vartheta_1(v,m))^2)^{-\frac{v+m+\frac{1}{2}}{2}} \\
&\leq \left(1-\frac{0,9\cdot m}{v}\right)^{-\frac{v+m+\frac{1}{2}}{2}} \\
&= \left(1-\frac{0,9\cdot m}{v}\right)^{-\frac{v-0,9\cdot m}{2}} \left(1-\frac{0,9\cdot m}{v}\right)^{-\frac{1,9\cdot m + \frac{1}{2}}{2}}.
\end{aligned} \quad (4.10)$$

Der erste Term lässt sich nun mit Lemma A.1 gegen $e^{0,45m}$ abschätzen, da $-(v-0,9\cdot m)/2$ negativ ist. Nun wollen wir uns dem zweiten Term widmen. Wieder mit Lemma 2.22 und (4.9) ist dann

$$\left(1-\frac{0,9\cdot m}{v}\right)^{-\frac{1,9\cdot m + \frac{1}{2}}{2}} \leq \left(1-\frac{1,8\log_2 v + 2,7}{v}\right)^{-\frac{1,9\cdot m + \frac{1}{2}}{2}}.$$

Da $(1-(1,8\log_2 v + 2,7)/v) < 1$ ist, kann im Exponenten wieder mit Lemma 2.22 m gegen $2\log_2 v + 3$ abgeschätzt werden, so dass

$$\left(1-\frac{1,8\log_2 v + 2,7}{v}\right)^{-\frac{1,9\cdot m + \frac{1}{2}}{2}} \leq \left(1-\frac{1,8\log_2 v + 2,7}{v}\right)^{-1,9\log_2 v - 3,1}.$$

Dann ist mit wiederholter Anwendung von Lemma A.1 und (4.10) insgesamt

$$\begin{aligned}
(\cos\vartheta)^{-(v+m+\frac{1}{2})} &\leq e^{0,45m}\left(1-\frac{1,8\log_2 v + 2,7}{v}\right)^{-1,9\log_2 v - 3,1} \\
&= e^{0,45m}\left(\left(1-\frac{1,8\log_2 v + 2,7}{v}\right)^{v-(1,8\log_2 v + 2,7)}\right)^{-\frac{1,9\log_2 v + 3,1}{v-(1,8\log_2 v + 2,7)}} \\
&\leq e^{0,45m}\left(e^{-1,8\log_2 v - 2,7}\right)^{-\frac{1,9\log_2 v + 3,1}{v-(1,8\log_2 v + 2,7)}} \\
&\leq Ce^{0,45m},
\end{aligned}$$

da die Funktion

$$f: \mathbb{R}_{\geq 9} \to \mathbb{R}, \quad v \mapsto (1,8\log_2 v + 2,7)(1,9\log_2 v + 3,1)/(v-(1,8\log_2 v + 2,7))$$

beschränkt ist.

Setzt man dies nun in (4.8) ein, so folgt

$$\begin{aligned}
|I^1_{v,m}(\vartheta)| &\leq \frac{C}{(\cos\vartheta)^{v+m+\frac{1}{2}}} m^{\frac{m}{2}-1} v^{\frac{v}{2}-\frac{1}{2}}(v+m)^{-\frac{v}{2}-\frac{m}{2}+\frac{1}{2}} \\
&\leq Ce^{0,45m} m^{\frac{m}{2}-1} v^{\frac{v}{2}-\frac{1}{2}}(v+m)^{-\frac{v}{2}-\frac{m}{2}+\frac{1}{2}}
\end{aligned}$$

$$= Ce^{0.45m}m^{\frac{m}{2}-1}v^{\frac{v}{2}}\left(\frac{v+m}{v}\right)^{\frac{1}{2}}(v+m)^{\frac{v}{2}+\frac{m}{2}}\left(\frac{v+m+\frac{1}{2}}{v+m}\right)^{v+m}\left(v+m+\frac{1}{2}\right)^{-v-m}.$$

Da mit den Lemmata 2.24 und A.1 gilt:

$$\left(\frac{v+m}{v}\right)^{\frac{1}{2}} \leq C, \quad \left(\frac{v+m+\frac{1}{2}}{v+m}\right)^{v+m} \leq C$$

sowie mit A.8

$$\Gamma\left(v+m+\frac{1}{2}\right) \leq Ce^{-v-m}\left(v+m+\frac{1}{2}\right)^{v+m},$$

folgt

$$|I_{v,m}^1(\vartheta)| \leq \frac{C}{\Gamma\left(v+m+\frac{1}{2}\right)}v^{\frac{v}{2}}(v+m)^{\frac{v}{2}+\frac{m}{2}}m^{\frac{m}{2}-1}e^{-v-m+0.45m} = C \cdot C(v,m).$$

□

Wir wollen nun $e_{v,m}\sin\vartheta|I_{v-1,m+2}^0(\vartheta)|$ für kleine ϑ abschätzen.

Lemma 4.6 *Seien* $v, m \in \mathbb{N}$ *mit* $m \geq 2$ *so, dass eine Heisenberg-Typ-Gruppe* $\mathbb{H}_{n,m}$ *existiert. Sei* $\vartheta \in (0, \vartheta_1(v,m))$. *Dann gilt: es existiert eine von* v, m, ϑ *unabhängige Konstante C so, dass*

$$e_{v,m}\sin\vartheta|I_{v-1,m+2}^0(\vartheta)| \leq C \cdot C(v,m)$$

mit $e_{v,m}$, $C(v,m)$ *wie in Satz 4.3.*

Beweis: Nach den Gleichungen (3.12) und (3.11) genügt es zum Beweis, den Betrag von

$$\int_0^\infty \int_{-1}^1 \frac{t(1-t^2)^{\frac{m-3}{2}}}{(\cos\vartheta\cosh\lambda - it\sin\vartheta\sinh\lambda)^{v+m+\frac{1}{2}}}dt(\sinh\lambda)^m\left(\frac{\sinh\lambda}{\lambda}\right)^{\frac{1}{2}}d\lambda$$

gegen $C \cdot C(v,m)$ abzuschätzen. Mit Lemma A.7 ist

$$|e_{v,m}\sin\vartheta I_{v-1,m+2}^0(\vartheta)|$$

$$= \left|\int_0^\infty \int_{-1}^1 \frac{t(1-t^2)^{\frac{m-3}{2}}}{(\cos\vartheta\cosh\lambda - it\sin\vartheta\sinh\lambda)^{v+m+\frac{1}{2}}}dt(\sinh\lambda)^m\left(\frac{\sinh\lambda}{\lambda}\right)^{\frac{1}{2}}d\lambda\right|$$

$$\leq \int_0^\infty \int_{-1}^1 \frac{|t|(1-t^2)^{\frac{m-3}{2}}}{|\cos\vartheta\cosh\lambda - it\sin\vartheta\sinh\lambda|^{v+m+\frac{1}{2}}}dt(\sinh\lambda)^m\left(\frac{\sinh\lambda}{\lambda}\right)^{\frac{1}{2}}d\lambda$$

$$\leq C\int_0^\infty \int_{-1}^1 \frac{|t|(1-t^2)^{\frac{m-3}{2}}}{(\cos\vartheta\cosh\lambda)^{v+m+\frac{1}{2}}}dt(\sinh\lambda)^m(\cosh\lambda)^{\frac{1}{2}}d\lambda$$

$$= \frac{2C}{(\cos\vartheta)^{v+m+\frac{1}{2}}}\int_0^1 t(1-t^2)^{\frac{m-3}{2}}dt \int_0^\infty (\sinh\lambda)^m(\cosh\lambda)^{-(v+m)}d\lambda$$

$$= \frac{C}{(\cos\vartheta)^{v+m+\frac{1}{2}}} \cdot \frac{1}{m-1} \cdot B\left(\frac{m+1}{2},\frac{v}{2}\right).$$

Dies ergibt sich offenbar, da

$$\frac{1}{m-1} = \int_0^1 t(1-t^2)^{\frac{m-3}{2}} dt.$$

Die asymptotische Berechnung dieses Termes ergibt mit der Stirling-Formel (Lemma A.8)

$$|e_{v,m}\sin\vartheta I_{v-1,m+2}(\vartheta)| \leq \frac{C}{(\cos\vartheta)^{v+m+\frac{1}{2}}}(m-1)^{-1}(m+1)^{\frac{m}{2}}v^{\frac{v}{2}-\frac{1}{2}}(v+m+1)^{-\frac{v}{2}-\frac{m}{2}}$$
$$\leq \frac{C}{(\cos\vartheta)^{v+m+\frac{1}{2}}}m^{\frac{m}{2}-1}v^{\frac{v}{2}-\frac{1}{2}}(v+m)^{-\frac{v}{2}-\frac{m}{2}}.$$

Der Beweis von Lemma 4.5 zeigt, dass dieser Ausdruck durch $C \cdot C(v,m)$ beschränkt ist. Gegenüber der Abschätzung von $|I_{v,m}^1(\vartheta)|$ für kleine Winkel ϑ ist die Abschätzung von $e_{v,m}\sin\vartheta|I_{v-1,m+2}^0(\vartheta)|$ also um den Faktor $(v+m)^{-1/2}$ besser. □

4.3.2 Das Integral $I_{v,m}^\tau(\vartheta)$ für $\vartheta \geq \vartheta_\tau(v,m)$

Wir wollen nun $I_{v,m}^\tau(\vartheta)$ für große ϑ abschätzen. Dafür wird auf jedes der Integrale dieses Doppelintegrals der Cauchysche Integralsatz angewendet werden, um eine Abschätzung zu erhalten, die für große ϑ günstig ist. Ziel dieses Abschnitts ist der Beweis des folgenden Satzes:

Satz 4.7 *Sei* $\tau \in \{0,1\}$. *Seien* $v \in \mathbb{N}_0$, $m \in \mathbb{N}_{\geq 2}$ *mit* $v \geq \tau$, *falls* $m > 2$ *und* $v \geq 1$, *falls* $m = 2$. *Sei* $\vartheta \in (0, \pi/2)$. *Dann ist*

$$I_{v,m}^\tau(\vartheta) = 2\mathfrak{Im}\int_0^\infty \int_0^\infty \frac{t^{\frac{m-3}{2}}(-2i\sinh(\lambda+i\vartheta)+t\cosh\lambda)^{\frac{m-3}{2}}}{(1+t\sin\vartheta)^{v+m+\frac{1}{2}}} dt$$
$$\cdot \frac{(\cosh(\lambda+i\vartheta))^\tau \sinh(\lambda+i\vartheta)\left(\frac{\sinh(\lambda+i\vartheta)}{\lambda+i\vartheta}\right)^{\frac{1}{2}}}{(\cosh\lambda)^{v+\frac{m}{2}+1}} d\lambda.$$

Für den Beweis werden verschiedene Lemmata benutzt, die im Folgenden bereitgestellt werden. Für den endgültigen Beweis siehe Seite 80.

Als erstes wird der Cauchysche Integralsatz auf das innere, von der Besselfunktion $J_{m/2-1}$ herstammende Integral angewandt werden. Dafür wird also für jedes feste $\lambda \geq 0$ ein Holomorphiebereich der Funktion

$$f_\lambda : z \mapsto \frac{(1-z^2)^{\frac{m-3}{2}}}{(\cos\vartheta\cosh\lambda - iz\sin\vartheta\sinh\lambda)^{v+m+\frac{1}{2}}}$$

angegeben, so dass sich das innere Integral über den Weg $[-1,1]$ als Integral über andere Wege in diesem Holomorphiebereich berechnet.

Bemerkung 4.8 In den Definitionen und Lemmata 4.9 bis 4.29 seien τ, ν, m, ϑ wie in Satz 4.7.

Definition 4.9 Sei für $\lambda \in \mathbb{R}_{>0}$
$$\Omega_\lambda := \mathbb{C} \setminus ((-\infty, -1] \cup [1, \infty) \cup \{-ir \cot \vartheta \coth \lambda \mid r \geq 1\}).$$

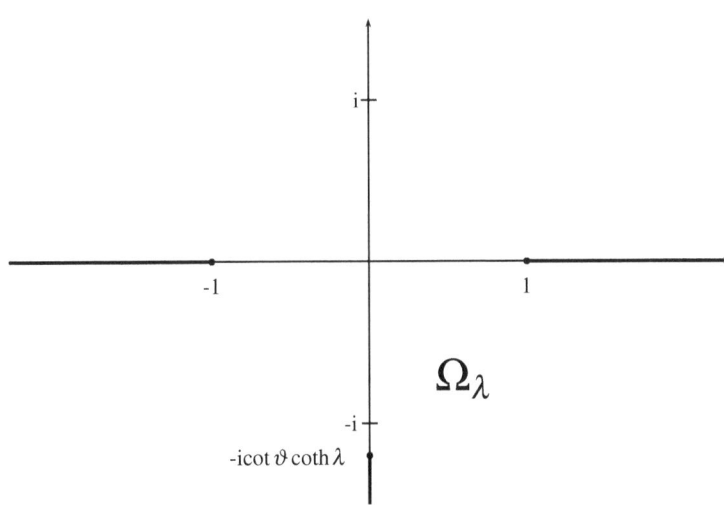

Lemma 4.10 *Sei für $\lambda > 0$*
$$f_\lambda : \Omega_\lambda \to \mathbb{C}, \quad z \mapsto \frac{(1-z^2)^{\frac{m-3}{2}}}{(\cos \vartheta \cosh \lambda - iz \sin \vartheta \sinh \lambda)^{\nu+m+\frac{1}{2}}},$$
wobei die Potenz mittels des auf der geschlitzten Halbebene $\mathbb{C} \setminus \mathbb{R}_{\leq 0}$ definierten Hauptzweiges des Logarithmus definiert sei. Dann ist f_λ holomorph.

Beweis: Zuerst wird bewiesen, dass die Funktion $z \mapsto (1-z^2)^{(m-3)/2}$ auf Ω_λ holomorph ist. Dies ist klar im Fall eines ungeraden m, aber nicht im Fall eines geraden. Für $z \in \Omega_\lambda$ ist $z^2 \notin \mathbb{R}_{\geq 1}$, also $1 - z^2 \notin \mathbb{R}_{\leq 0}$. Definiert man den Hauptzweig des Logarithmus auf der geschlitzten Halbebene $\mathbb{C} \setminus \mathbb{R}_{\leq 0}$, so ist damit der Logarithmus von $1 - z^2$ und damit auch $(1-z^2)^{(m-3)/2}$ wohldefiniert unabhängig davon, ob m gerade oder ungerade ist.

Damit ist dann natürlich die Funktion
$$z \mapsto (1-z^2)^{\frac{m-3}{2}}$$

auf Ω_λ holomorph.

Nun soll gezeigt werden, dass auch die Nennerfunktion

$$z \mapsto (\cos\vartheta\cosh\lambda - iz\sin\vartheta\sinh\lambda)^{-(\nu+m+\frac{1}{2})}$$

auf Ω_λ holomorph ist. Dafür reicht es offensichtlich zu zeigen, dass für jedes $z \in \Omega_\lambda$ gilt: $\cos\vartheta\cosh\lambda - iz\sin\vartheta\sinh\lambda \notin \mathbb{R}_{\leq 0}$. Da $z \in \Omega_\lambda$ gilt $z \notin \{-ir\cot\vartheta\coth\lambda \,|\, r \geq 1\}$, und damit folgt für alle $s \leq 0$: mit

$$r(s) := 1 - \frac{s}{\cos\vartheta\cosh\lambda} \geq 1$$

ist

$$z \neq -ir(s)\cot\vartheta\coth\lambda.$$

Dann folgt:

$$\begin{aligned}\cos\vartheta\cosh\lambda - iz\sin\vartheta\sinh\lambda &\neq \cos\vartheta\cosh\lambda - r(s)\cot\vartheta\coth\lambda\sin\vartheta\sinh\lambda \\ &= \cos\vartheta\cosh\lambda - r(s)\cos\vartheta\cosh\lambda \\ &= (1-r(s))\cos\vartheta\cosh\lambda \\ &= s,\end{aligned}$$

d.h.

$$\cos\vartheta\cosh\lambda - iz\sin\vartheta\sinh\lambda \neq s \text{ für alle } s \leq 0$$

bzw.

$$\cos\vartheta\cosh\lambda - iz\sin\vartheta\sinh\lambda \notin \mathbb{R}_{\leq 0}.$$

Dann ist aber auch die Funktion

$$z \mapsto (\cos\vartheta\cosh\lambda - iz\sin\vartheta\sinh\lambda)^{-(\nu+m+\frac{1}{2})}$$

auf Ω_λ holomorph. $\square$

Bemerkung 4.11 Ferner gilt offenbar für alle $z \in \Omega_\lambda$: $-\bar{z} \in \Omega_\lambda$ und damit

$$f_\lambda(-\bar{z}) = \frac{(1-\bar{z}^2)^{\frac{m-3}{2}}}{(\cos\vartheta\cosh\lambda + i\bar{z}\sin\vartheta\sinh\lambda)^{\nu+m+\frac{1}{2}}} = \overline{f_\lambda(z)}.$$

Diese Beobachtung wird im Folgenden nützlich sein.

Definition 4.12 Für $\lambda > 0$ sei

$$v_\lambda := i\frac{\cosh(\lambda - i\vartheta)}{\sinh\lambda}.$$

Bemerkung 4.13 Dann ist
$$v_\lambda = i\frac{\cos\vartheta\cosh\lambda - i\sin\vartheta\sinh\lambda}{\sinh\lambda} = \sin\vartheta + i\cos\vartheta\coth\lambda,$$
und damit
$$|v_\lambda|^2 = (\sin\vartheta)^2 + (\cos\vartheta)^2(\coth\lambda)^2 \geq 1.$$
Dann ist also $1/|v_\lambda| \leq 1$, und für alle $\varepsilon \in (0, 1/|v_\lambda|)$ gilt:
$$-1 + \varepsilon|v_\lambda| < -1 + \frac{1}{|v_\lambda|}|v_\lambda| = 0 = 1 - \frac{1}{|v_\lambda|}|v_\lambda| < 1 - \varepsilon|v_\lambda|.$$

Definition 4.14 Sei nun für alle $N \in \mathbb{N}$, $\varepsilon \in (0, 1/|v_\lambda|)$

$\gamma_{1,\varepsilon}$: $[-1+\varepsilon|v_\lambda|, 1-\varepsilon|v_\lambda|] \to \mathbb{C},\quad t \mapsto t$

$\gamma_{2,\lambda,N,\varepsilon}$: $[\varepsilon, N] \to \mathbb{C},\quad t \mapsto 1 + tv_\lambda$

$\gamma_{3,\lambda,N,\varepsilon}$: $[\varepsilon, N] \to \mathbb{C},\quad t \mapsto -1 - t\overline{v_\lambda} = -\overline{\gamma_{2,\lambda,N,\varepsilon}(t)}$

$\gamma_{4,\lambda,\varepsilon}$: $[0, \pi - \arg v_\lambda] \to \mathbb{C},\quad t \mapsto 1 - \varepsilon|v_\lambda|e^{-it}$

$\gamma_{5,\lambda,\varepsilon}$: $[0, \pi - \arg v_\lambda] \to \mathbb{C},\quad t \mapsto -1 + \varepsilon|v_\lambda|e^{it} = -\overline{\gamma_{4,\lambda,\varepsilon}(t)}$

$\gamma_{6,\lambda,N}$: $[-(1 + N\sin\vartheta), 1 + N\sin\vartheta] \to \mathbb{C},\quad t \mapsto t + iN\cos\vartheta\coth\lambda.$

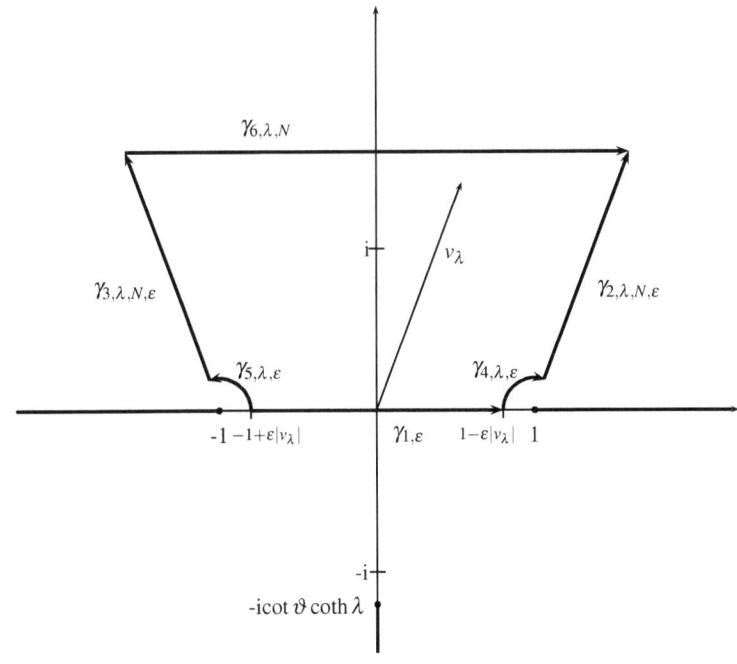

Wir zeigen nun, dass die Vereinigung dieser Integrationswege ein geschlossener Weg in Ω_λ ist.

Lemma 4.15 *Sei $N \in \mathbb{N}$, $\varepsilon \in (0, 1/|v_\lambda|)$. Dann bildet*

$$\gamma_{1,\varepsilon} \cup \gamma_{4,\lambda,\varepsilon} \cup \gamma_{2,\lambda,N,\varepsilon} \cup -\gamma_{6,\lambda,N} \cup -\gamma_{3,\lambda,N,\varepsilon} \cup -\gamma_{5,\lambda,\varepsilon}$$

einen geschlossenen Integrationsweg in Ω_λ.

Beweis: Sei $N \in \mathbb{N}$, $\varepsilon \in (0, 1/|v_\lambda|)$. Es gilt

$$\gamma_{2,\lambda,N,\varepsilon}(N) = 1 + Nv_\lambda = 1 + N(\sin\vartheta + i\cos\vartheta \coth\lambda) = 1 + N\sin\vartheta + iN\cos\vartheta \coth\lambda,$$

$$\gamma_{3,\lambda,N,\varepsilon}(N) = -\overline{\gamma_{2,\lambda,N,\varepsilon}(N)} = -1 - N\sin\vartheta + iN\cos\vartheta \coth\lambda.$$

Damit ist dann

$$\gamma_{6,\lambda,N}(1 + N\sin\vartheta) = \gamma_{2,\lambda,N,\varepsilon}(N), \quad \gamma_{6,\lambda,N}(-(1 + N\sin\vartheta)) = \gamma_{3,\lambda,N,\varepsilon}(N).$$

Weiter ist

$$\gamma_{4,\lambda,\varepsilon}(0) = 1 - \varepsilon|v_\lambda| = \gamma_{1,\varepsilon}(1 - \varepsilon|v_\lambda|),$$

$$\gamma_{4,\lambda,\varepsilon}(\pi - \arg v_\lambda) = 1 - \varepsilon|v_\lambda|e^{-i(\pi - \arg v_\lambda)} = 1 + \varepsilon|v_\lambda|e^{i\arg v_\lambda} = 1 + \varepsilon v_\lambda = \gamma_{2,\lambda,N,\varepsilon}(\varepsilon),$$

$$\gamma_{5,\lambda,\varepsilon}(0) = -1 + \varepsilon|v_\lambda| = \gamma_{1,\varepsilon}(-1 + \varepsilon|v_\lambda|),$$

$$\gamma_{5,\lambda,\varepsilon}(\pi - \arg v_\lambda) = -\overline{\gamma_{4,\lambda,\varepsilon}(\pi - \arg v_\lambda)} = -\overline{\gamma_{2,\lambda,N,\varepsilon}(\varepsilon)} = \gamma_{3,\lambda,N,\varepsilon}(\varepsilon).$$

Damit ist nun gezeigt, dass die Vereinigung obiger Wege einen geschlossenen Weg darstellt. Dieser liegt komplett in Ω_λ, da für alle $\lambda > 0$, $N \in \mathbb{N}$, $\varepsilon \in (0, 1/|v_\lambda|)$, $t \in [\varepsilon, N]$ gilt:

$$\mathfrak{Im}(\gamma_{2,\lambda,N,\varepsilon}(t)) = \mathfrak{Im}(\gamma_{3,\lambda,N,\varepsilon}(t)) = t\cos\vartheta \coth\lambda > 0,$$

also gilt $\gamma_{2,\lambda,N,\varepsilon}(t) \in \Omega_\lambda$, $\gamma_{3,\lambda,N,\varepsilon}(t) \in \Omega_\lambda$.
Außerdem ist für alle $t \in (0, \pi - \arg v_\lambda]$

$$\mathfrak{Im}(\gamma_{4,\lambda,N,\varepsilon}(t)) = \mathfrak{Im}(1 - \varepsilon|v_\lambda|e^{-it}) = -\varepsilon|v_\lambda|\sin(-t) = \varepsilon|v_\lambda|\sin t > 0,$$

$$\mathfrak{Im}(\gamma_{5,\lambda,N,\varepsilon}(t)) = \mathfrak{Im}(-1 + \varepsilon|v_\lambda|e^{it}) = \varepsilon|v_\lambda|\sin t > 0$$

und damit gilt dann auch $\gamma_{4,\lambda,\varepsilon}(t) \in \Omega_\lambda$, $\gamma_{5,\lambda,\varepsilon}(t) \in \Omega_\lambda$.
Ferner ist offensichtlich auch $\gamma_{4,\lambda,\varepsilon}(0) \in \Omega_\lambda$, $\gamma_{5,\lambda,\varepsilon}(0) \in \Omega_\lambda$.
Für $t \in [-(1 + N\sin\vartheta), 1 + N\sin\vartheta]$ gilt:

$$\mathfrak{Im}(\gamma_{6,\lambda,N}(t)) = N\cos\vartheta \coth\lambda > 0,$$

also ist auch $\gamma_{6,\lambda,N}(t) \in \Omega_\lambda$. Damit bildet $\gamma_{1,\varepsilon} \cup \gamma_{4,\lambda,\varepsilon} \cup \gamma_{2,\lambda,N,\varepsilon} \cup -\gamma_{6,\lambda,N} \cup -\gamma_{3,\lambda,N,\varepsilon} \cup -\gamma_{5,\lambda,\varepsilon}$ einen geschlossenen Integrationsweg in Ω_λ. □

Bemerkung 4.16 Mit dem Cauchyschen Integralsatz ist für alle $N \in \mathbb{N}$, $\varepsilon \in (0, 1/|v_\lambda|)$

$$\int_{\gamma_{1,\varepsilon}} f_\lambda(z)dz = -\int_{\gamma_{4,\lambda,\varepsilon}} f_\lambda(z)dz - \int_{\gamma_{2,\lambda,N,\varepsilon}} f_\lambda(z)dz + \int_{\gamma_{6,\lambda,N}} f_\lambda(z)dz$$
$$+ \int_{\gamma_{3,\lambda,N,\varepsilon}} f_\lambda(z)dz + \int_{\gamma_{5,\lambda,\varepsilon}} f_\lambda(z)dz.$$

Es sollen nun erst die Integrale über $\gamma_{4,\lambda,\varepsilon}$ und $\gamma_{5,\lambda,\varepsilon}$ betrachtet werden.

Lemma 4.17 Sei $\lambda > 0$, $\gamma_{4,\lambda,\varepsilon}$, $\gamma_{5,\lambda,\varepsilon}$ wie in Definition 4.14. Dann gilt:

$$\lim_{\varepsilon \to 0} \int_{\gamma_{4,\lambda,\varepsilon}} f_\lambda(z)dz = 0 = \lim_{\varepsilon \to 0} \int_{\gamma_{5,\lambda,\varepsilon}} f_\lambda(z)dz.$$

Beweis: Sei $\varepsilon \in (0, 1/|v_\lambda|)$, $t \in [0, \pi - \arg v_\lambda]$. Dann gilt $|1 - \gamma_{4,\lambda,\varepsilon}(t)| = \varepsilon|v_\lambda|$. Ferner existiert ein $C_{\lambda,\vartheta}$ so, dass für alle $z \in M_\lambda$ mit

$$M_\lambda := \{z | 0 < |z-1| \leq 1 \text{ und } \arg(z-1) \in [\arg v_\lambda, \pi]\}$$

gilt:

$$\frac{|1+z|^{\frac{m-3}{2}}}{|\cos\vartheta\cosh\lambda - iz\sin\vartheta\sinh\lambda|^{\nu+m+\frac{1}{2}}} \leq C_{\lambda,\vartheta}.$$

Es folgt für alle $t \in [0, \pi - \arg v_\lambda]$, da $1 - z^2 = (1-z)(1+z)$:

$$|f_\lambda(\gamma_{4,\lambda,\varepsilon}(t))| \leq (\varepsilon|v_\lambda|)^{\frac{m-3}{2}} C_{\lambda,\vartheta}$$

und damit

$$\left| \int_{\gamma_{4,\lambda,\varepsilon}} f_\lambda(z)dz \right| \leq 2\pi\varepsilon|v_\lambda|(\varepsilon|v_\lambda|)^{\frac{m-3}{2}} C_{\lambda,\vartheta}.$$

Da $(m-3)/2 + 1 \geq 1/2$, existiert der Limes von $\int_{\gamma_{4,\lambda,\varepsilon}} f_\lambda(z)dz$ für $\varepsilon \to 0$, und es gilt

$$\lim_{\varepsilon \to 0} \int_{\gamma_{4,\lambda,\varepsilon}} f_\lambda(z)dz = 0.$$

Da nach Bemerkung 4.11

$$\int_{\gamma_{5,\lambda,\varepsilon}} f_\lambda(z)dz = \int_0^{\pi-\arg v_\lambda} f_\lambda(\gamma_{5,\lambda,\varepsilon}(t))\gamma'_{5,\lambda,\varepsilon}(t)dt$$
$$= \int_0^{\pi-\arg v_\lambda} \overline{f_\lambda(-\overline{\gamma_{4,\lambda,\varepsilon}(t)})} \left(-\overline{\gamma'_{4,\lambda,\varepsilon}(t)}\right) dt$$
$$= -\overline{\int_0^{\pi-\arg v_\lambda} f_\lambda(\gamma_{4,\lambda,\varepsilon}(t))\gamma'_{4,\lambda,\varepsilon}(t)dt}$$
$$= -\overline{\int_{\gamma_{4,\lambda,\varepsilon}} f_\lambda(z)dz},$$

gilt also auch, dass
$$\lim_{\varepsilon \to 0} \int_{\gamma_{5,\lambda,\varepsilon}} f_\lambda(z) dz = 0.$$

□

Definition 4.18 Seien nun für alle $N \in \mathbb{N}$ folgende Integrationswege gegeben:

$$\begin{aligned}
\gamma_1 &: [-1,1] \to \mathbb{C}, & t &\mapsto t \\
\gamma_{2,\lambda,N} &: [0,N] \to \mathbb{C}, & t &\mapsto 1 + t v_\lambda \\
\gamma_{3,\lambda,N} &: [0,N] \to \mathbb{C}, & t &\mapsto -1 - t\bar{v}_\lambda = -\overline{\gamma_{2,\lambda,N}(t)} \\
\gamma_{6,\lambda,N} &: [-(1+N\sin\vartheta), 1+N\sin\vartheta] \to \mathbb{C}, & t &\mapsto t + iN\cos\vartheta \coth\lambda
\end{aligned}$$

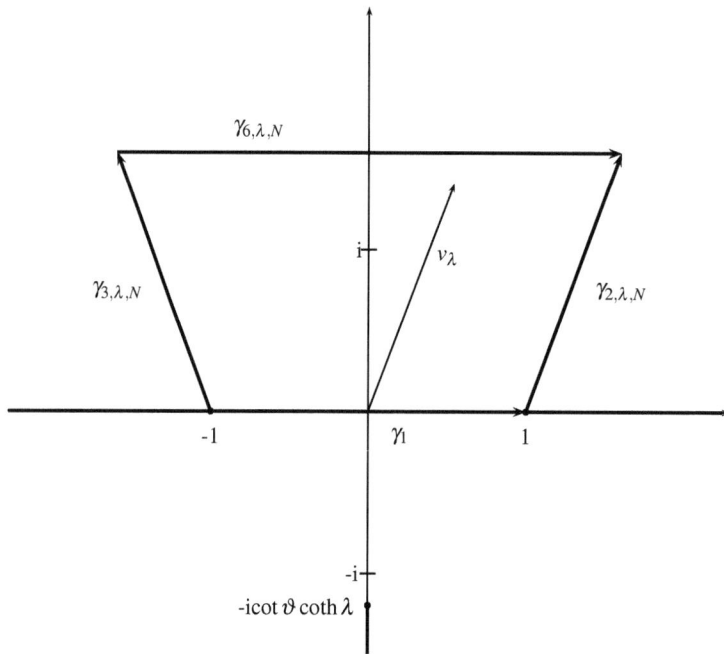

Bemerkung 4.19 Es gilt, da f_λ über $\gamma_{2,\lambda,N}$ integrierbar ist:

$$\lim_{\varepsilon \to 0} \int_{\gamma_{2,\lambda,N,\varepsilon}} f_\lambda(z) dz = \int_{\gamma_{2,\lambda,N}} f_\lambda(z) dz$$

und genauso

$$\lim_{\varepsilon \to 0} \int_{\gamma_{3,\lambda,N,\varepsilon}} f_\lambda(z) dz = \int_{\gamma_{3,\lambda,N}} f_\lambda(z) dz.$$

Natürlich gilt aber für den Weg $\gamma_{1,\varepsilon}$: Der Limes von $\int_{\gamma_{1,\varepsilon}} f_\lambda(z)dz$ existiert und

$$\lim_{\varepsilon \to 0} \int_{\gamma_{1,\varepsilon}} f_\lambda(z)dz = \int_{\gamma_1} f_\lambda(z)dz.$$

Korollar 4.20 *Aus den Bemerkungen 4.16 und 4.19 sowie Lemma 4.17 folgt für alle $N \in \mathbb{N}$:*

$$\int_{\gamma_1} f_\lambda(z)dz = -\int_{\gamma_{2,\lambda,N}} f_\lambda(z)dz + \int_{\gamma_{6,\lambda,N}} f_\lambda(z)dz + \int_{\gamma_{3,\lambda,N}} f_\lambda(z)dz.$$

Lemma 4.21 *Es gilt:*

$$\lim_{N \to \infty} \int_{\gamma_{6,\lambda,N}} f_\lambda(z)dz = 0.$$

Beweis: Für das Integral über den Weg $\gamma_{6,\lambda,N}$ gilt

$$\left| \int_{\gamma_{6,\lambda,N}} f_\lambda(z)dz \right|$$
$$= \left| \int_{-(1+N\sin\vartheta)}^{1+N\sin\vartheta} \frac{(1-(t+iN\cos\vartheta\coth\lambda)^2)^{\frac{m-3}{2}}}{(\cos\vartheta\cosh\lambda - i(t+iN\cos\vartheta\coth\lambda)\sin\vartheta\sinh\lambda)^{\nu+m+\frac{1}{2}}} dt \right|$$
$$\leq \int_{-(1+N\sin\vartheta)}^{1+N\sin\vartheta} \frac{|1-(t+iN\cos\vartheta\coth\lambda)^2|^{\frac{m-3}{2}}}{|\cos\vartheta\cosh\lambda - i(t+iN\cos\vartheta\coth\lambda)\sin\vartheta\sinh\lambda|^{\nu+m+\frac{1}{2}}} dt.$$

Dabei gilt für den Nenner des Integranden:

$$\mathfrak{Re}(\cos\vartheta\cosh\lambda - i(t+iN\cos\vartheta\coth\lambda)\sin\vartheta\sinh\lambda) = \cos\vartheta\cosh\lambda + N\cos\vartheta\sin\vartheta\cosh\lambda$$
$$\geq N\cos\vartheta\sin\vartheta\cosh\lambda,$$

also

$$|\cos\vartheta\cosh\lambda - i(t+iN\cos\vartheta\coth\lambda)\sin\vartheta\sinh\lambda| \geq N\cos\vartheta\sin\vartheta\cosh\lambda.$$

Da für $t \in [-(1+N\sin\vartheta), 1+N\sin\vartheta]$ gilt

$$1 \leq N^2(\coth\lambda)^2,$$
$$|t| \leq 1+N\sin\vartheta \leq 1+N \leq N\coth\lambda + N\coth\lambda = 2N\coth\lambda,$$
$$N\cos\vartheta\coth\lambda \leq N\coth\lambda,$$

folgt im Zähler des Integranden:

$$|1-(t+iN\cos\vartheta\coth\lambda)^2| \leq 1+(|t|+N\cos\vartheta\coth\lambda)^2$$
$$\leq N^2(\coth\lambda)^2 + (2N\coth\lambda + N\coth\lambda)^2$$
$$= 10N^2(\coth\lambda)^2.$$

Dann gilt insgesamt im Fall $m \geq 3$, da die Länge des Integrationsweges $2(1+N\sin\vartheta)$ beträgt:

$$\left|\int_{\gamma_{6,\lambda,N}} f_\lambda(z)dz\right| \leq 2(1+N\sin\vartheta)\frac{10^{\frac{m-3}{2}}N^{m-3}(\coth\lambda)^{m-3}}{N^{\nu+m+\frac{1}{2}}(\cos\vartheta\sin\vartheta\cosh\lambda)^{\nu+m+\frac{1}{2}}},$$

und somit

$$\lim_{N\to\infty}\int_{\gamma_{6,\lambda,N}} f_\lambda(z)dz = 0.$$

Im Fall $m=2$ ist $(m-3)/2 = -1/2$, und es gilt im Zähler des Integranden:

$$1-(t+iN\cos\vartheta\coth\lambda)^2 = 1-t^2-2tiN\cos\vartheta\coth\lambda+N^2(\cos\vartheta)^2(\coth\lambda)^2.$$

Falls $|t|\leq 1$, so lässt sich der Betrag hiervon nach unten abschätzen gegen

$$\begin{aligned}|1-(t+iN\cos\vartheta\coth\lambda)^2| &\geq |1-t^2+N^2(\cos\vartheta)^2(\coth\lambda)^2| \\ &\geq N^2(\cos\vartheta)^2(\coth\lambda)^2 \\ &\geq N(\cos\vartheta)^2\coth\lambda.\end{aligned}$$

Falls hingegen $|t|\geq 1$ ist, so gilt

$$|1-(t+iN\cos\vartheta\coth\lambda)^2| \geq 2tN\cos\vartheta\coth\lambda \geq N(\cos\vartheta)^2\coth\lambda.$$

Also gilt in jedem Fall

$$|1-(t+iN\cos\vartheta\coth\lambda)^2| \geq N(\cos\vartheta)^2\coth\lambda.$$

Damit ist dann

$$|1-(t+iN\cos\vartheta\coth\lambda)^2|^{-\frac{1}{2}} \leq N^{-\frac{1}{2}}(\cos\vartheta)^{-1}(\coth\lambda)^{-\frac{1}{2}}.$$

Im Fall $m=2$ gilt also die folgende Abschätzung:

$$\left|\int_{\gamma_{6,\lambda,N}} f_\lambda(z)dz\right| \leq 2(1+N\sin\vartheta)\frac{N^{-\frac{1}{2}}(\cos\vartheta)^{-1}(\coth\lambda)^{-\frac{1}{2}}}{(N\cos\vartheta\sin\vartheta\cosh\lambda)^{\nu+2+\frac{1}{2}}},$$

und offensichtlich konvergiert auch letzterer Ausdruck für $N\to\infty$ gegen 0. Damit ist also in jedem Fall

$$\lim_{N\to\infty}\int_{\gamma_{6,\lambda,N}} f_\lambda(z)dz = 0.$$

$\square$

Lemma 4.22 *Sei $\lambda > 0$. Es gilt:*

$$\int_{\gamma_1} f_\lambda(z)dz = 2\Im\left(\int_0^\infty \frac{t^{\frac{m-3}{2}}(-2i\sinh\lambda+t\cosh(\lambda-i\vartheta))^{\frac{m-3}{2}}}{(1+t\sin\vartheta)^{\nu+m+\frac{1}{2}}}dt \cdot \frac{(\sinh\lambda)^{-m+2}}{(\cosh(\lambda-i\vartheta))^{\nu+\frac{m}{2}+1}}\right).$$

Beweis: Es gilt für alle $\lambda > 0, t \geq 0$:

$$\begin{aligned}
1 - (\gamma_{2,\lambda,N}(t))^2 &= 1 - \left(1 + ti\frac{\cosh(\lambda - i\vartheta)}{\sinh\lambda}\right)^2 \\
&= -2ti\frac{\cosh(\lambda - i\vartheta)}{\sinh\lambda} + t^2\frac{(\cosh(\lambda - i\vartheta))^2}{(\sinh\lambda)^2} \\
&= (-2i\sinh\lambda + t\cosh(\lambda - i\vartheta))t\cosh(\lambda - i\vartheta)(\sinh\lambda)^{-2}.
\end{aligned}$$

Sei für $\lambda > 0, t > 0$

$$z_1 := -2i\sinh\lambda + t\cosh(\lambda - i\vartheta) = t\cos\vartheta\cosh\lambda - 2i\sinh\lambda - it\sin\vartheta\sinh\lambda,$$

$$z_2 := \cosh(\lambda - i\vartheta) = \cos\vartheta\cosh\lambda - i\sin\vartheta\sinh\lambda.$$

Dann gilt:

$$\Re z_1 > 0, \Re z_2 > 0.$$

Damit sind dann mit dem 1.Hauptzweig $\sqrt{\cdot}$ der Wurzel

$$\sqrt{z_1}, \sqrt{z_2}, \sqrt{z_1 z_2}$$

definiert und es gilt

$$\sqrt{z_1 z_2} = \sqrt{z_1}\sqrt{z_2}.$$

Da ferner $t, \sinh\lambda > 0$ gilt

$$\sqrt{z_1 z_2 t (\sinh\lambda)^{-2}} = \sqrt{z_1}\sqrt{z_2} t^{\frac{1}{2}}(\sinh\lambda)^{-1}.$$

Es folgt

$$\left(1 - (\gamma_{2,\lambda,N}(t))^2\right)^{\frac{1}{2}} = (-2i\sinh\lambda + t\cosh(\lambda - i\vartheta))^{\frac{1}{2}}(\cosh(\lambda - i\vartheta))^{\frac{1}{2}} t^{\frac{1}{2}}(\sinh\lambda)^{-1}$$

und insgesamt

$$\left(1 - (\gamma_{2,\lambda,N}(t))^2\right)^{\frac{m-3}{2}} = (-2i\sinh\lambda + t\cosh(\lambda - i\vartheta))^{\frac{m-3}{2}}(\cosh(\lambda - i\vartheta))^{\frac{m-3}{2}} t^{\frac{m-3}{2}}(\sinh\lambda)^{-(m-3)}.$$

Ferner gilt für alle $\lambda > 0, N \in \mathbb{N}, t \in [0, N]$

$$\begin{aligned}
&\cos\vartheta\cosh\lambda - i\gamma_{2,\lambda,N}(t)\sin\vartheta\sinh\lambda \\
&= \cos\vartheta\cosh\lambda - i\left(1 + ti\frac{\cosh(\lambda - i\vartheta)}{\sinh\lambda}\right)\sin\vartheta\sinh\lambda \\
&= \cos\vartheta\cosh\lambda - i\sin\vartheta\sinh\lambda + t\cosh(\lambda - i\vartheta)\sin\vartheta \\
&= \cosh(\lambda - i\vartheta) + t\sin\vartheta\cosh(\lambda - i\vartheta) \\
&= (1 + t\sin\vartheta)\cosh(\lambda - i\vartheta),
\end{aligned}$$

und da $1+t\sin\vartheta > 0$ und $\mathfrak{Re}(z_2) > 0$:

$$((1+t\sin\vartheta)\cosh(\lambda - i\vartheta))^{\frac{1}{2}} = (1+t\sin\vartheta)^{\frac{1}{2}}(\cosh(\lambda - i\vartheta))^{\frac{1}{2}},$$

und damit

$$((1+t\sin\vartheta)\cosh(\lambda - i\vartheta))^{\nu+m+\frac{1}{2}} = (1+t\sin\vartheta)^{\nu+m+\frac{1}{2}}(\cosh(\lambda - i\vartheta))^{\nu+m+\frac{1}{2}}.$$

Damit gilt dann

$$f_\lambda(\gamma_{2,\lambda,N}(t)) = \frac{(-2i\sinh\lambda + t\cosh(\lambda - i\vartheta))^{\frac{m-3}{2}} t^{\frac{m-3}{2}}(\cosh(\lambda - i\vartheta))^{\frac{m-3}{2}}(\sinh\lambda)^{-m+3}}{(1+t\sin\vartheta)^{\nu+m+\frac{1}{2}}(\cosh(\lambda - i\vartheta))^{\nu+m+\frac{1}{2}}}$$

sowie

$$\gamma'_{2,\lambda,N}(t) = v_\lambda = i\frac{\cosh(\lambda - i\vartheta)}{\sinh\lambda}.$$

Es folgt für $\gamma_{2,\lambda,N}$:

$$\int_{\gamma_{2,\lambda,N}} f_\lambda(z)dz$$
$$= \int_0^N f_\lambda(\gamma_{2,\lambda,N}(t))\gamma'_{2,\lambda,N}(t)dt$$
$$= \int_0^N \frac{(-2i\sinh\lambda + t\cosh(\lambda - i\vartheta))^{\frac{m-3}{2}} t^{\frac{m-3}{2}}(\cosh(\lambda - i\vartheta))^{\frac{m-3}{2}}(\sinh\lambda)^{-m+3}}{(1+t\sin\vartheta)^{\nu+m+\frac{1}{2}}(\cosh(\lambda - i\vartheta))^{\nu+m+\frac{1}{2}}} \cdot i\frac{\cosh(\lambda - i\vartheta)}{\sinh\lambda}dt$$
$$= i\int_0^N \frac{t^{\frac{m-3}{2}}(-2i\sinh\lambda + t\cosh(\lambda - i\vartheta))^{\frac{m-3}{2}}}{(1+t\sin\vartheta)^{\nu+m+\frac{1}{2}}}dt\frac{(\sinh\lambda)^{-m+2}}{(\cosh(\lambda - i\vartheta))^{\nu+\frac{m}{2}+1}}.$$

(4.11)

Für $\gamma_{3,\lambda,N}$ gilt mit Bemerkung 4.11:

$$\int_{\gamma_{3,\lambda,N}} f_\lambda(z)dz = \int_0^N f_\lambda(\gamma_{3,\lambda,N}(t))\gamma'_{3,\lambda,N}(t)dt$$
$$= \int_0^N f_\lambda(-\overline{\gamma_{2,\lambda,N}(t)})\left(-\overline{\gamma'_{2,\lambda,N}(t)}\right)dt$$
$$= -\overline{\int_0^N f_\lambda(\gamma_{2,\lambda,N}(t))\gamma'_{2,\lambda,N}(t)dt}$$
$$= -\overline{\int_{\gamma_{2,\lambda,N}} f_\lambda(z)dz},$$

das heißt

$$-\int_{\gamma_{2,\lambda,N}} f_\lambda(z)dz + \int_{\gamma_{3,\lambda,N}} f_\lambda(z)dz = -\int_{\gamma_{2,\lambda,N}} f_\lambda(z)dz - \overline{\int_{\gamma_{2,\lambda,N}} f_\lambda(z)dz}$$
$$= -2\mathfrak{Re}\int_{\gamma_{2,\lambda,N}} f_\lambda(z)dz. \quad (4.12)$$

Nun soll gezeigt werden, dass $\lim_{N\to\infty}\int_{\gamma_{2,\lambda,N}} f_\lambda(z)dz$ existiert.

Dies gilt, falls $\lim_{N\to\infty}\int_{\gamma_{2,\lambda,N}} |f_\lambda(z)|dz$ existiert, und dafür reicht es zu zeigen, dass

$$\int_0^N \frac{t^{\frac{m-3}{2}}|-2i\sinh\lambda + t\cosh(\lambda-i\vartheta)|^{\frac{m-3}{2}}}{(1+t\sin\vartheta)^{\nu+m+\frac{1}{2}}}dt$$

für $N\to\infty$ konvergiert. Da aber

$$|-2i\sinh\lambda + t\cosh(\lambda-i\vartheta)| \leq 2\cosh\lambda + t\cosh\lambda,$$

ist dieses Integral im Fall $m \geq 3$ durch

$$\int_0^N \frac{t^{\frac{m-3}{2}}(2+t)^{\frac{m-3}{2}}}{(1+t\sin\vartheta)^{\nu+m+\frac{1}{2}}}dt(\cosh\lambda)^{\frac{m-3}{2}}$$

beschränkt. Der Limes dieser Folge von Integralen existiert, also gilt mit

$$\gamma_{2,\lambda}: [0,\infty) \to \mathbb{C}, \qquad t \mapsto 1+tv_\lambda,$$

dass

$$\int_{\gamma_{2,\lambda}} f_\lambda(z)dz = \lim_{N\to\infty}\int_{\gamma_{2,\lambda,N}} f_\lambda(z)dz$$

existiert. Daraus folgt sofort, dass

$$\lim_{N\to\infty}\mathfrak{Re}\int_{\gamma_{2,\lambda,N}} f_\lambda(z)dz$$

existiert, wobei die Existenz dieses Grenzwerts auch mit Korollar 4.20, Lemma 4.21 und (4.12) folgte.

Im Fall $m=2$ gilt

$$\begin{aligned}|-2i\sinh\lambda + t\cosh(\lambda-i\vartheta)| &= |-2i\sinh\lambda + t\cos\vartheta\cosh\lambda - it\sin\vartheta\sinh\lambda| \\ &\geq 2\sinh\lambda + t\sin\vartheta\sinh\lambda \\ &\geq 2\sinh\lambda,\end{aligned}$$

und damit ist in diesem Fall das Integral beschränkt durch

$$\int_0^N \frac{t^{-\frac{1}{2}}(\sinh\lambda)^{-\frac{1}{2}}}{(1+t\sin\vartheta)^{\nu+2+\frac{1}{2}}}dt.$$

Da auch hier offensichtlich der Grenzwert für $N\to\infty$ existiert, ist

$$\int_{\gamma_{2,\lambda,N}} f_\lambda(z)dz$$

in jedem Fall für $N \to \infty$ konvergent. Insgesamt gilt also mit Korollar 4.20, Lemma 4.21 und den Gleichungen (4.11) sowie (4.12):

$$\begin{aligned}
&\int_{\gamma_1} f_\lambda(z)dz \\
&= \lim_{N\to\infty}\left(-\int_{\gamma_{2,\lambda,N}} f_\lambda(z)dz + \int_{\gamma_{3,\lambda,N}} f_\lambda(z)dz + \int_{\gamma_{6,\lambda,N}} f_\lambda(z)dz\right) \\
&= \lim_{N\to\infty}\left(-2\mathfrak{Re}\int_{\gamma_{2,\lambda,N}} f_\lambda(z)dz + \int_{\gamma_{6,\lambda,N}} f_\lambda(z)dz\right) \\
&= -2\lim_{N\to\infty}\mathfrak{Re}\int_{\gamma_{2,\lambda,N}} f_\lambda(z)dz + \lim_{N\to\infty}\int_{\gamma_{6,\lambda,N}} f_\lambda(z)dz \\
&= -2\mathfrak{Re}\lim_{N\to\infty}\int_{\gamma_{2,\lambda,N}} f_\lambda(z)dz \\
&= -2\mathfrak{Re}\int_{\gamma_{2,\lambda}} f_\lambda(z)dz \\
&= 2\mathfrak{Im}\left(\int_0^\infty \frac{t^{\frac{m-3}{2}}(-2i\sinh\lambda + t\cosh(\lambda - i\vartheta))^{\frac{m-3}{2}}}{(1+t\sin\vartheta)^{\nu+m+\frac{1}{2}}}dt \cdot \frac{(\sinh\lambda)^{-m+2}}{(\cosh(\lambda-i\vartheta))^{\nu+\frac{m}{2}+1}}\right).
\end{aligned}$$

$\square$

Korollar 4.23 *Es gilt:*

$$I_{\nu,m}^\tau(\vartheta) = 2\mathfrak{Im}\int_0^\infty\int_0^\infty \frac{t^{\frac{m-3}{2}}(-2i\sinh\lambda + t\cosh(\lambda-i\vartheta))^{\frac{m-3}{2}}}{(1+t\sin\vartheta)^{\nu+m+\frac{1}{2}}}dt \cdot \frac{(\cosh\lambda)^\tau \sinh\lambda \left(\frac{\sinh\lambda}{\lambda}\right)^{\frac{1}{2}}}{(\cosh(\lambda-i\vartheta))^{\nu+\frac{m}{2}+1}}d\lambda.$$

Beweis: Es ist mit Lemma 4.22:

$$\begin{aligned}
&I_{\nu,m}^\tau(\vartheta) \\
&= \int_0^\infty \int_{\gamma_1} f_\lambda(z)dz (\cosh\lambda)^\tau(\sinh\lambda)^{m-1}\left(\frac{\sinh\lambda}{\lambda}\right)^{\frac{1}{2}}d\lambda \\
&= \int_0^\infty \left(2\mathfrak{Im}\int_0^\infty \frac{t^{\frac{m-3}{2}}(-2i\sinh\lambda + t\cosh(\lambda-i\vartheta))^{\frac{m-3}{2}}}{(1+t\sin\vartheta)^{\nu+m+\frac{1}{2}}}dt \right. \\
&\qquad \left. \cdot \frac{(\sinh\lambda)^{-m+2}}{(\cosh(\lambda-i\vartheta))^{\nu+\frac{m}{2}+1}}\right)(\cosh\lambda)^\tau(\sinh\lambda)^{m-1}\left(\frac{\sinh\lambda}{\lambda}\right)^{\frac{1}{2}}d\lambda \\
&= 2\mathfrak{Im}\int_0^\infty\int_0^\infty \frac{t^{\frac{m-3}{2}}(-2i\sinh\lambda + t\cosh(\lambda-i\vartheta))^{\frac{m-3}{2}}}{(1+t\sin\vartheta)^{\nu+m+\frac{1}{2}}}dt \cdot \frac{(\cosh\lambda)^\tau \sinh\lambda \left(\frac{\sinh\lambda}{\lambda}\right)^{\frac{1}{2}}}{(\cosh(\lambda-i\vartheta))^{\nu+\frac{m}{2}+1}}d\lambda
\end{aligned}$$

$\square$

Nun wird noch einmal der Cauchysche Integralsatz angewendet, diesmal bezüglich der λ-Integration. Dabei wird der Integrationsweg über $\mathbb{R}_{>0}$ in die komplexe Zahlenebene verlegt. Dies hat den Hintergrund, dass später das Integral absolut abgeschätzt wird und die Oszillationen hoher negativer

Potenzen des Terms $\cosh(z-i\vartheta)$ sich bei großem Winkel ϑ negativ auf die Abschätzung auswirken. Dafür wird nun also ein Holomorpiebereich Ξ des Integranden gesucht.

Definition 4.24 Da $\vartheta < \pi/2$, gilt $\vartheta/2 - \pi/4 < 0$.
Seien
$$\Xi := \{z \in \mathbb{C} | \Im m z \in (\vartheta/2 - \pi/4, \pi/2)\} \setminus \{it | t \in (\vartheta/2 - \pi/4, 0]\}$$

und auf Ξ für $t \in [0,\infty)$ folgende Funktionen definiert:

$$g_t : \Xi \to \mathbb{C},$$
$$z \mapsto \frac{t^{\frac{m-3}{2}} (-2i\sinh z + t\cosh(z-i\vartheta))^{\frac{m-3}{2}}}{(1+t\sin\vartheta)^{\nu+m+\frac{1}{2}}} \frac{(\cosh z)^\tau \sinh z \left(\frac{\sinh z}{z}\right)^{\frac{1}{2}}}{(\cosh(z-i\vartheta))^{\nu+\frac{m}{2}+1}}.$$

Lemma 4.25 *Seien für* $t \in [0,\infty)$ *die* g_t, Ξ *wie in Definition 4.24. Dann gilt: für jedes* $t \in [0,\infty)$ *ist mit dem auf der geschlitzten Halbebene* $\mathbb{C} \setminus \mathbb{R}_{\leq 0}$ *definierten Hauptzweig des Logarithmus* g_t *auf* Ξ *wohldefiniert, für jedes* $z \in \Xi$ *ist* $g_t(z)$ *über* $\mathbb{R}_{\geq 0}$ *in* t *integrierbar und mit*

$$g : \Xi \to \mathbb{C}, \qquad z \mapsto \int_0^\infty g_t(z) dt$$

gilt: g ist auf Ξ holomorph.

Beweis: Betrachte für alle $t \in [0,\infty)$ die ganze Funktion

$$z \mapsto -2i\sinh z + t\cosh(z-i\vartheta).$$

Diese ist offensichtlich holomorph auf Ξ. Aber auch

$$z \mapsto (-2i\sinh z + t\cosh(z-i\vartheta))^{\frac{m-3}{2}}$$

ist auf Ξ mit dem ersten Hauptzweig der Wurzel wohldefiniert und holomorph. Wir zeigen dafür, dass $-2i\sinh z + t\cosh(z-i\vartheta)$ nie in $\mathbb{R}_{\leq 0}$ ist, da in diesem Fall der (auf der geschlitzten Halbebene $\mathbb{C}\setminus\mathbb{R}_{\leq 0}$ definierte) Logarithmus und jede Potenz von $-2i\sinh z + t\cosh(z-i\vartheta)$ wohldefiniert ist. Es gilt für alle $z \in \Xi$, $z = x + iy$:

$$\begin{aligned}
&-2i\sinh z + t\cosh(z-i\vartheta) \\
&= -2i(\cos y \sinh x + i\sin y \cosh x) + t(\cos(y-\vartheta)\cosh x + i\sin(y-\vartheta)\sinh x) \\
&= 2\sin y \cosh x + t\cos(y-\vartheta)\cosh x - 2i\cos y \sinh x + ti\sin(y-\vartheta)\sinh x \\
&= \cosh x(2\sin y + t\cos(y-\vartheta)) + i\sinh x(-2\cos y + t\sin(y-\vartheta)).
\end{aligned} \qquad (4.13)$$

Offensichtlich ist die Unterscheidung in die Fälle $y > 0$ (1.Fall) sowie $y \leq 0$ und $x \neq 0$ (2.Fall) vollständig. Zuerst jedoch sei folgendes bemerkt: ist $x + iy \in \Xi$, so gilt

$$-\frac{\pi}{2} < \frac{\vartheta}{2} - \frac{\pi}{4} < y < \frac{\pi}{2} \qquad (4.14)$$

und

$$-\frac{\pi}{2} < -\frac{\vartheta}{2} - \frac{\pi}{4} = \frac{\vartheta}{2} - \frac{\pi}{4} - \vartheta < y - \vartheta < \frac{\pi}{2}, \qquad (4.15)$$

also sowohl $y \in (-\pi/2, \pi/2)$ als auch $y - \vartheta \in (-\pi/2, \pi/2)$.

Sei also zuerst $y > 0$. In diesem Fall gilt mit (4.13), (4.15) und $\sin y > 0$ für den Realteil von $(-2i\sinh z + t\cosh(z-i\vartheta))$:

$$\mathfrak{Re}(-2i\sinh z + t\cosh(z-i\vartheta)) = \cosh x(2\sin y + t\cos(y-\vartheta)) > t\cos(y-\vartheta) \geq 0.$$

Somit ist $(-2i\sinh z + t\cosh(z-i\vartheta))^{(m-3)/2}$ wohldefiniert.

Sei nun $y \leq 0$ und $x \neq 0$. In diesem Fall gilt für den Imaginärteil von $-2i\sinh z + t\cosh(z-i\vartheta)$ mit (4.13):

$$\mathfrak{Im}(-2i\sinh z + t\cosh(z-i\vartheta)) = \sinh x(-2\cos y + t\sin(y-\vartheta)).$$

Wegen (4.14) gilt $\cos y > 0$. Da $t\sin(y-\vartheta) \leq 0$, und wegen $x \neq 0$ auch $\sinh x \neq 0$ ist, folgt

$$\mathfrak{Im}(-2i\sinh z + t\cosh(z-i\vartheta)) \neq 0.$$

Dann ist $(-2i\sinh z + t\cosh(z-i\vartheta))^{\frac{m-3}{2}}$ auch hier und folglich für alle $z \in \Xi$ wohldefiniert und

$$z \mapsto (-2i\sinh z + t\cosh(z-i\vartheta))^{\frac{m-3}{2}}$$

holomorph auf Ξ.

Da wegen (4.14) für alle $z = x + iy \in \Xi$ gilt: $\cos y > 0$, folgt für alle $r \in \mathbb{R}_{\geq 0}$ im Fall $x \neq 0$ mit $\operatorname{sgn}(\sinh x) = \operatorname{sgn}(x)$:

$$\cos y \sinh x \neq -rx.$$

Im Fall $x = 0$ gilt $y \neq 0$, und damit

$$\sin y \cosh x = \sin y \neq -ry,$$

da $\operatorname{sgn}(\sin y) = \operatorname{sgn}(y)$. Damit ist für alle $z = x + iy \in \Xi$

$$\sinh z = \cos y \sinh x + i \sin y \cosh x \neq -r(x + iy),$$

also

$$\frac{\sinh z}{z} \neq -r.$$

Damit ist dann

$$z \mapsto \left(\frac{\sinh z}{z}\right)^{\frac{1}{2}}$$

wohldefiniert und holomorph auf Ξ. Ferner gilt für $z = x + iy \in \Xi$ mit (4.15): $\cos(y - \vartheta) \cosh x > 0$, und damit

$$\cosh(z - i\vartheta) = \cos(y - \vartheta) \cosh x - i \sin(y - \vartheta) \sinh x \notin \mathbb{R}_{\leq 0}.$$

Damit ist dann

$$z \mapsto \frac{1}{(\cosh(z - i\vartheta))^{\nu + \frac{m}{2} + 1}}$$

auf Ξ wohldefiniert und holomorph.

Insgesamt ist also für jedes $t \in [0, \infty)$ die Funktion g_t als Produkt von auf Ξ holomorphen Funktionen auch auf Ξ holomorph. Ferner gilt für jedes $z = x + iy \in \Xi$ mit Lemma A.5 im Fall $m \geq 3$:

$$|\cosh z| \leq \cosh x, \qquad |\sinh z| \leq \cosh x, \qquad \left|\frac{\sinh z}{z}\right| \leq C \cosh x,$$

und damit

$$\begin{aligned}
|g_t(z)| &= \left|\frac{t^{\frac{m-3}{2}}(-2i\sinh z + t\cosh(z - i\vartheta))^{\frac{m-3}{2}}}{(1 + t\sin\vartheta)^{\nu + m + \frac{1}{2}}} \frac{(\cosh z)^\tau \sinh z \left(\frac{\sinh z}{z}\right)^{\frac{1}{2}}}{(\cosh(z - i\vartheta))^{\nu + \frac{m}{2} + 1}}\right| \\
&\leq \frac{t^{\frac{m-3}{2}}(2|\sinh z| + t|\cosh(z - i\vartheta)|)^{\frac{m-3}{2}}}{(1 + t\sin\vartheta)^{\nu + m + \frac{1}{2}}} \frac{|\cosh z|^\tau |\sinh z| \left|\frac{\sinh z}{z}\right|^{\frac{1}{2}}}{|\cosh(z - i\vartheta)|^{\nu + \frac{m}{2} + 1}} \\
&\leq C \frac{t^{\frac{m-3}{2}}(2\cosh x + t\cosh x)^{\frac{m-3}{2}}}{(1 + t\sin\vartheta)^{\nu + m + \frac{1}{2}}} \frac{\cosh x \cosh x (\cosh x)^{\frac{1}{2}}}{(\cos(y - \vartheta)\cosh x)^{\nu + \frac{m}{2} + 1}} \\
&= C(\cos(y - \vartheta))^{-(\nu + \frac{m}{2} + 1)}(\cosh x)^{-\nu} \frac{t^{\frac{m-3}{2}}(2 + t)^{\frac{m-3}{2}}}{(1 + t\sin\vartheta)^{\nu + m + \frac{1}{2}}} \\
&\leq C_\vartheta^{-(\nu + \frac{m}{2} + 1)}(\cosh x)^{-\nu} \frac{t^{\frac{m-3}{2}}(2 + t)^{\frac{m-3}{2}}}{(1 + t\sin\vartheta)^{\nu + m + \frac{1}{2}}} \tag{4.16}
\end{aligned}$$

mit $C_\vartheta := \min\{\cos(\pi/2 - \vartheta), \cos(-\pi/4 - \vartheta/2)\}$. Damit existiert offensichtlich $\int_0^\infty g_t(z)dt$.

An den Fall $m = 2$ muss etwas differenzierter herangegangen werden. In diesem Fall ist die Potenz

$(m-3)/2$ von $-2i\sinh z + t\cosh(z-i\vartheta)$ negativ, weswegen eine Abschätzung nach unten benötigt wird. Für jedes $\varepsilon \in (0, \vartheta/2)$ sei folgende Menge definiert:

$$\Xi_\varepsilon := \Xi \cap \{z = x+iy | |x| > \varepsilon \text{ oder } y > \varepsilon\}.$$

Wie eben gezeigt wurde, ist für jedes $t \in [0, \infty)$ die Funktion g_t auf Ξ_ε holomorph.
Sei nun $\varepsilon \in (0, \vartheta/2)$. Es gilt für jedes $z = x+iy \in \Xi_\varepsilon$ mit $y > \varepsilon$: $\sin y > 0$, und mit (4.15): $t\cos(y-\vartheta) \geq 0$. Damit ist dann im Fall $y > \varepsilon$ mit Formel (4.13):

$$|-2i\sinh z + t\cosh(z-i\vartheta)| \geq \cosh x(2\sin y + t\cos(y-\vartheta)) \geq \sin\varepsilon.$$

Nun soll der Fall $y \leq \varepsilon$ betrachtet werden. Da $z \in \Xi_\varepsilon$, gilt $|x| > \varepsilon$. Es folgt $\cos y > 0$, und mit (4.15) ist auch $\sin(\vartheta - y) > 0$. Damit ist dann wieder mit Formel (4.13) in diesem Fall

$$\begin{aligned}|-2i\sinh z + t\cosh(z-i\vartheta)| &\geq |\sinh x|(2\cos y + t\sin(\vartheta - y)) \\ &\geq \sinh\varepsilon \min\left\{\cos\left(\frac{\vartheta}{2}\right), \cos\left(\frac{\vartheta}{2} - \frac{\pi}{4}\right)\right\},\end{aligned}$$

da $y \leq \varepsilon < \vartheta/2$. Also existiert ein $C_{\vartheta,\varepsilon}$ so, dass

$$|-2i\sinh z + t\cosh(z-i\vartheta)|^{-\frac{1}{2}} \leq C_{\vartheta,\varepsilon}.$$

Es folgt, analog zu obiger Rechnung, für jedes $z \in \Xi_\varepsilon$, $t \in [0, \infty)$:

$$|g_t(z)| \leq C_\vartheta^{-(\nu+2)} C_{\vartheta,\varepsilon} (\cosh x)^{-\nu+\frac{1}{2}} \frac{t^{-\frac{1}{2}}}{(1+t\sin\vartheta)^{\nu+2+\frac{1}{2}}}. \tag{4.17}$$

Damit ist $|g_t(z)|$ auch im Fall $m = 2$ zumindest auf jedem Ξ_ε unabhängig von z durch eine in t integrierbare Funktion beschränkt.
Genauso wie $|g_t(z)|$ sind im Falle jedes beliebigen $m \in \mathbb{N}_{\geq 2}$ auch die partiellen Ableitungen des Real- und Imaginärteils von g_t auf jedem Ξ_ε unabhängig von z durch eine in t integrierbare Funktion beschränkt. Dann gilt aber nach dem Satz über Differenzierbarkeit parameterabhängiger Integrale, dass Real- und Imaginärteil von g differenzierbar sind und dass das Ableiten unter das Integralzeichen gezogen werden kann. Die Cauchy-Riemann-Differentialgleichungen gelten dann für g auf Ξ_ε, da sie für alle g_t mit $t \geq 0$ gelten. Damit ist dann auch g auf Ξ_ε holomorph. Da dies für beliebig kleine ε gilt, muss g auch auf Ξ holomorph sein. □

Bemerkung 4.26 Wie aus Ungleichung (4.16) sofort ersichtlich ist, gilt für alle $z = x+iy \in \Xi$ im Fall $m \geq 3$:

$$|g(z)| \leq C_\vartheta^{-(\nu+\frac{m}{2}+1)} (\cosh x)^{-\nu} \int_0^\infty \frac{t^{\frac{m-3}{2}}(2+t)^{\frac{m-3}{2}}}{(1+t\sin\vartheta)^{\nu+m+\frac{1}{2}}} dt = C_\vartheta'(\cosh x)^{-\nu}$$

mit

$$C'_\vartheta := C_\vartheta^{-(\nu+\frac{m}{2}+1)} \int_0^\infty \frac{t^{\frac{m-3}{2}}(2+t)^{\frac{m-3}{2}}}{(1+t\sin\vartheta)^{\nu+m+\frac{1}{2}}} dt,$$

und im Fall $m=2$ folgt mit (4.17) für alle $z = x+iy \in \Xi_\varepsilon$, $\varepsilon \in (0,\vartheta/2)$:

$$g(z) \leq C''_\vartheta (\cosh x)^{-\nu+\frac{1}{2}} (\sin\varepsilon)^{-\frac{1}{2}}$$

falls $y > \varepsilon$,

$$g(z) \leq C''_\vartheta (\cosh x)^{-\nu+\frac{1}{2}} (\sinh\varepsilon)^{-\frac{1}{2}}$$

falls $y \leq \varepsilon$ und mit

$$C''_\vartheta := C_\vartheta^{-(\nu+2)} \left(\min\left\{\cos\left(\frac{\vartheta}{2}\right), \cos\left(\frac{\vartheta}{2}-\frac{\pi}{4}\right)\right\}\right)^{-\frac{1}{2}} \int_0^\infty \frac{t^{-\frac{1}{2}}}{(1+t\sin\vartheta)^{\nu+2+\frac{1}{2}}} dt.$$

Wir werden nun auch auf g den Cauchyschen Integralsatz anwenden. Das eigentliche Ziel ist es, die Integration von $\mathbb{R}_{\geq 0}$ auf die Halbgerade $\{z \in \mathbb{C} |\ \mathfrak{Im} z = i\vartheta,\ \mathfrak{Re} z \geq 0\}$ zu verlegen. Dafür benötigen wir folgende Definition von Wegen:

Definition 4.27 Seien für alle $M \in \mathbb{N}_{\geq 2}$, $\varepsilon \in (0,\vartheta)$

$$\begin{array}{llll}
\sigma_{1,M,\varepsilon} &: [\varepsilon,M] \to \mathbb{C},\ \lambda \mapsto \lambda, & \sigma_{1,M} &: [0,M] \to \mathbb{C},\ \lambda \mapsto \lambda, \\
\sigma_1 &: [0,\infty) \to \mathbb{C},\ \lambda \mapsto \lambda, & \sigma_{2,M} &: [0,\vartheta] \to \mathbb{C},\ \lambda \mapsto M+i\lambda, \\
\sigma_{3,M} &: [0,M] \to \mathbb{C},\ \lambda \mapsto \lambda+i\vartheta, & \sigma_3 &: [0,\infty) \to \mathbb{C},\ \lambda \mapsto \lambda+i\vartheta, \\
\sigma_{4,\varepsilon} &: [\varepsilon,\vartheta] \to \mathbb{C},\ \lambda \mapsto i\lambda, & \sigma_4 &: [0,\vartheta] \to \mathbb{C},\ \lambda \mapsto i\lambda, \\
\sigma_{5,\varepsilon} &: [0,\frac{\pi}{2}] \to \mathbb{C},\ \lambda \mapsto \varepsilon e^{i\lambda}. & &
\end{array}$$

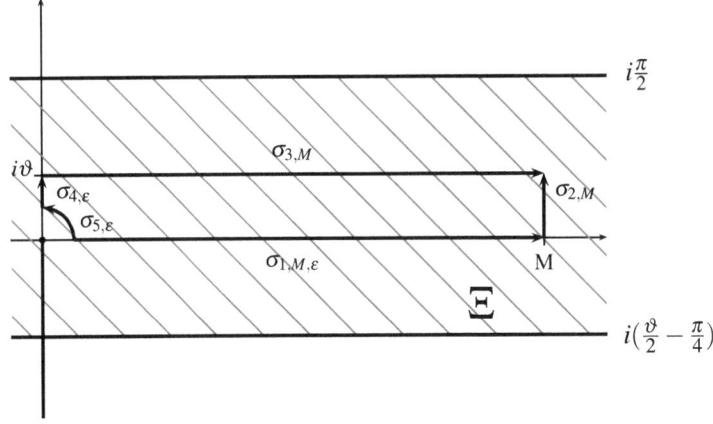

Lemma 4.28 *Mit σ_1, σ_3, σ_4 wie in Definition 4.27, g wie in Lemma 4.25 gilt: g ist über σ_3 und σ_4 integrierbar und*

$$\int_{\sigma_1} g(z)dz = \int_{\sigma_3} g(z)dz + \int_{\sigma_4} g(z)dz.$$

Beweis: Für alle $M \in \mathbb{N}_{\geq 2}$, $\varepsilon \in (0, \vartheta)$ gilt: $\sigma_{1,M,\varepsilon} \cup \sigma_{2,M} \cup -\sigma_{3,M} \cup -\sigma_{4,\varepsilon} \cup -\sigma_{5,\varepsilon}$ bildet einen geschlossenen Integrationsweg in Ξ. Wegen der Holomorphie von g auf Ξ (siehe Lemma 4.25) folgt daher für alle $M \in \mathbb{N}_{\geq 2}$, $\varepsilon \in (0, \vartheta)$:

$$0 = \int_{\sigma_{1,M,\varepsilon}} g(z)dz + \int_{\sigma_{2,M}} g(z)dz - \int_{\sigma_{3,M}} g(z)dz - \int_{\sigma_{4,\varepsilon}} g(z)dz - \int_{\sigma_{5,\varepsilon}} g(z)dz.$$

Falls $m \geq 3$, gilt für das Integral über $\sigma_{5,\varepsilon}$ mit C'_ϑ wie in Bemerkung 4.26:

$$\left| \int_{\sigma_{5,\varepsilon}} g(z)dz \right| \leq 2\pi \varepsilon C'_\vartheta,$$

das heißt,

$$\lim_{\varepsilon \to 0} \int_{\sigma_{5,\varepsilon}} g(z)dz = 0.$$

Falls $m = 2$ ist, so betrachten wir g auf $\Xi_{\varepsilon/2}$. $\sigma_{5,\varepsilon}([0, \pi/2])$ liegt dann ganz in $\Xi_{\varepsilon/2}$, da für ein $x + iy \in \sigma_{5,\varepsilon}([0, \pi/2])$ stets gilt: $x^2 + y^2 = \varepsilon^2$, und damit $x > \varepsilon/2$ oder $y > \varepsilon/2$. Der Weg $\sigma_{5,\varepsilon}$ unterteilt sich disjunkt in die Teilwege $\sigma^1_{5,\varepsilon}$ und $\sigma^2_{5,\varepsilon}$, wobei die y-Komponente von $\sigma^1_{5,\varepsilon}(t)$ stets $\leq \varepsilon/2$ sei, und die von $\sigma^2_{5,\varepsilon}(t)$ stets $> \varepsilon/2$ sei. Dann gilt aber

$$\left| \int_{\sigma_{5,\varepsilon}} g(z)dz \right| \leq \left| \int_{\sigma^1_{5,\varepsilon}} g(z)dz \right| + \left| \int_{\sigma^2_{5,\varepsilon}} g(z)dz \right|$$

$$\leq 2\pi \varepsilon C''_\vartheta \left(\sinh\left(\frac{\varepsilon}{2}\right) \right)^{-\frac{1}{2}} + 2\pi \varepsilon C''_\vartheta \left(\sin\left(\frac{\varepsilon}{2}\right) \right)^{-\frac{1}{2}}.$$

Damit konvergiert dieser Ausdruck für $\varepsilon \to 0$ auch im Fall $m = 2$ gegen 0. Da g auf Ξ im Fall $m \geq 3$ stetig und beschränkt ist, existieren $\lim_{\varepsilon \to 0} \int_{\sigma_{1,M,\varepsilon}} g(z)dz$ und $\lim_{\varepsilon \to 0} \int_{\sigma_{4,\varepsilon}} g(z)dz$ und es gilt:

$$\lim_{\varepsilon \to 0} \int_{\sigma_{1,M,\varepsilon}} g(z)dz = \int_{\sigma_{1,M}} g(z)dz, \quad \lim_{\varepsilon \to 0} \int_{\sigma_{4,\varepsilon}} g(z)dz = \int_{\sigma_4} g(z)dz.$$

Aber auch im Fall $m = 2$ gelten diese Aussagen, da $|g(x+iy)|$ sich um die 0 herum auf der x-Achse höchstens wie $(\sinh x)^{-\frac{1}{2}}$ bzw. auf der y-Achse wie $(\sin y)^{-\frac{1}{2}}$ verhält. Es folgt für alle $M \in \mathbb{N}_{\geq 2}$:

$$0 = \int_{\sigma_{1,M}} g(z)dz + \int_{\sigma_{2,M}} g(z)dz - \int_{\sigma_{3,M}} g(z)dz - \int_{\sigma_4} g(z)dz.$$

Für das Integral über den Weg $\sigma_{2,M}$ gilt

$$\int_{\sigma_{2,M}} g(z)dz = \int_0^\vartheta g(\sigma_{2,M}(\lambda)) \sigma'_{2,M}(\lambda) d\lambda = i \int_0^\vartheta g(M + i\lambda) d\lambda,$$

und mit Bemerkung 4.26 folgt

$$\left| \int_{\sigma_{2,M}} g(z)dz \right| \leq \int_0^\vartheta |g(M+i\lambda)|d\lambda \leq \vartheta C_\vartheta'''(\cosh M)^{-\nu+\frac{1}{2}}.$$

Es gilt also

$$\int_{\sigma_{2,M}} g(z)dz \to 0 \qquad \text{für} \quad M \to \infty.$$

Da das Integral über σ_4 nicht von M abhängig ist und $\lim_{M\to\infty}\int_{\sigma_{1,M}} g(z)dz$ wegen Bemerkung 4.26 existiert, gilt:

$$\int_{\sigma_1} g(z)dz = \lim_{M\to\infty} \int_{\sigma_{1,M}} g(z)dz = \lim_{M\to\infty} \left(-\int_{\sigma_{2,M}} g(z)dz + \int_{\sigma_{3,M}} g(z)dz + \int_{\sigma_4} g(z)dz \right).$$

Da

$$\lim_{M\to\infty} \left(-\int_{\sigma_{2,M}} g(z)dz + \int_{\sigma_4} g(z)dz \right) = \int_{\sigma_4} g(z)dz$$

existiert $\lim_{M\to\infty} \int_{\sigma_{3,M}} g(z)dz$ mit

$$\lim_{M\to\infty} \int_{\sigma_{3,M}} g(z)dz = \int_{\sigma_3} g(z)dz,$$

und es gilt insgesamt

$$\int_{\sigma_1} g(z)dz = \int_{\sigma_3} g(z)dz + \int_{\sigma_4} g(z)dz.$$

$\square$

Lemma 4.29 *Es gilt:*

$$\int_{\sigma_4} g(z)dz \in \mathbb{R}.$$

Beweis: Für alle $\lambda \in (0,\vartheta]$ gilt, dass

$$\begin{aligned}
g(\sigma_4(\lambda)) &= g(i\lambda) \\
&= \int_0^\infty \frac{t^{\frac{m-3}{2}}(-2i\sinh(i\lambda)+t\cosh(i\lambda-i\vartheta))^{\frac{m-3}{2}}}{(1+t\sin\vartheta)^{\nu+m+\frac{1}{2}}}dt \cdot \frac{(\cosh(i\lambda))^\tau \sinh(i\lambda)\left(\frac{\sinh(i\lambda)}{i\lambda}\right)^{\frac{1}{2}}}{(\cosh(i\lambda-i\vartheta))^{\nu+\frac{m}{2}+1}} \\
&= i\int_0^\infty \frac{t^{\frac{m-3}{2}}(2\sin\lambda+t\cos(\lambda-\vartheta))^{\frac{m-3}{2}}}{(1+t\sin\vartheta)^{\nu+m+\frac{1}{2}}}dt \cdot \frac{(\cos\lambda)^\tau \sin\lambda\left(\frac{\sin\lambda}{\lambda}\right)^{\frac{1}{2}}}{(\cos(\lambda-\vartheta))^{\nu+\frac{m}{2}+1}} \\
&\in i\mathbb{R},
\end{aligned}$$

und damit

$$\int_{\sigma_4} g(z)dz = \int_0^\vartheta g(\sigma_4(\lambda))\sigma_4'(\lambda)d\lambda = i\int_0^\vartheta g(\sigma_4(\lambda))d\lambda =: C_\vartheta'''' \in \mathbb{R}.$$

$\square$

Nun sind alle benötigten Hilfsaussagen bewiesen, und wir können uns dem Beweis von Satz 4.7 zuwenden.

Beweis: (von Satz 4.7).

Es gilt mit Korollar 4.23 sowie Lemma 4.28 und Lemma 4.29:

$$I_{v,m}^\tau(\vartheta) = 2\Im \int_0^\infty g(\lambda)d\lambda = 2\Im \int_{\sigma_1} g(z)dz = 2\Im \int_{\sigma_3} g(z)dz,$$

also

$$\begin{aligned}I_{v,m}^\tau(\vartheta) &= 2\Im \int_0^\infty \int_0^\infty \frac{t^{\frac{m-3}{2}}(-2i\sinh(\lambda+i\vartheta)+t\cosh\lambda)^{\frac{m-3}{2}}}{(1+t\sin\vartheta)^{v+m+\frac{1}{2}}}dt \\ &\quad \cdot \frac{(\cosh(\lambda+i\vartheta))^\tau \sinh(\lambda+i\vartheta)\left(\frac{\sinh(\lambda+i\vartheta)}{\lambda+i\vartheta}\right)^{\frac{1}{2}}}{(\cosh\lambda)^{v+\frac{m}{2}+1}}d\lambda.\end{aligned}$$

□

4.3.3 Abschätzungen von $I_{v,m}^\tau(\vartheta)$ für $\vartheta \geq \vartheta_\tau(v,m)$

Im vorangegangen Kapitel wurde das abzuschätzende Integral $I_{v,m}^\tau(\vartheta)$ mithilfe des Cauchyschen Integralsatzes auf eine Form gebracht, die bei der naiven Abschätzung (Majorisieren des Betrags des Integrals durch das Integral über den Betrag des Integranden) für ϑ nahe $\pi/2$ bessere Ergebnisse liefern soll als die der ursprünglichen Form. Zuerst wird in Lemma 4.31 für $m \geq 3$ der Term $I_{v,m}^\tau(\vartheta)$ gegen einen Ausdruck $B_{v,m}(\vartheta)$ abgeschätzt. In den folgenden drei Abschnitten werden dann drei Fälle unterschieden: zum einen der Fall eines ungeraden $m \geq 3$. Dies ist der technisch aufwändigste Teil. Der darauffolgende Abschnitt deckt den Fall eines geraden $m \geq 4$ ab. Wie man sehen wird, kann die Abschätzung hier auf den vorangegangenen Fall eines ungeraden m reduziert werden. Der letzte der drei Abschnitte wird sich dann der Vollständigkeit halber mit dem Fall $m = 2$ beschäftigen. Bekannt war ja seit [LP], dass die Operatornorm des Vektors der Rieszstransformationen für $p \in (1,\infty)$ von $L^p(\mathbb{H}_{n,2})$ nach $L^p(\mathbb{H}_{n,2})$ nicht von n abhängt. Durch Bearbeiten des Falls $m = 2$ wird ist der Beweis des Haupttheorems 4.2 dieser Arbeit also vollständig unabhängig von [LP].

4.3.3.1 Der Fall m ungerade ($m \geq 3$)

Sei im Folgenden m ungerade, $m \geq 3$. In diesem Fall ist $(m-3)/2 \in \mathbb{N}_0$, was bedeutet, dass $(-2i\sinh(\lambda+i\vartheta)+t\cosh\lambda)^{(m-3)/2}$ mit der Trinomischen Formel (siehe Lemma A.6) entwickelt werden kann; dies stellt somit einen einfacheren Fall dar. Im Folgenden Abschnitt soll eine Abschätzung für $|I_{v,m}^\tau(\vartheta)|$ gefunden werden. Dafür ist folgende Definition hilfreich:

Definition 4.30 Sei für $\nu, m \in \mathbb{N}$ mit $m \geq 3$, $k, s, l \in \mathbb{R}_{\geq 0}$ mit $k+s+l < \nu + (m-1)/2$

$$I_{k,s,l}^m := \int_0^\infty \int_0^\infty \frac{t^{\frac{m-3}{2}+l}}{(1+\sin\vartheta)^{\nu+m+\frac{1}{2}}} dt \, \frac{(\sinh\lambda)^k (\sin\vartheta\cosh\lambda + \cos\vartheta\sinh\lambda)}{(\cosh\lambda)^{\nu+\frac{m}{2}-s-l-\frac{1}{2}}} d\lambda,$$

und zu $k+s+l = (m-3)/2$

$$a_{k,s,l}^m := \frac{\Gamma(\frac{m-1}{2})}{\Gamma(k+1)\Gamma(s+1)\Gamma(\frac{m-1}{2}-k-s)}.$$

Lemma 4.31 *Sei* $\tau \in \{0,1\}$, $\vartheta \in (0, \pi/2)$. *Seien* $\nu \in \mathbb{N}_0$, $\nu \geq \tau$ *und* $m \in \mathbb{N}_{\geq 3}$, m *ungerade. Dann gilt: es existiert eine von* ν, m, τ, ϑ *unabhängige Konstante* $C > 0$ *so, dass*

$$|I_{\nu,m}^\tau(\vartheta)| \leq C B_{\nu,m}(\vartheta),$$

wobei

$$B_{\nu,m}(\vartheta) = \sum_{k+s+l=\frac{m-3}{2}} a_{k,s,l}^m 2^{k+s} (\sin\vartheta)^s I_{k,s,l}^m.$$

Hierbei ist die Summe über $k, s, l \in \mathbb{N}_0$ *zu verstehen.*

Beweis: Mit der Trinomischen Formel (Lemma A.6) folgt:

$$(-2i\sinh(\lambda + i\vartheta) + t\cosh\lambda)^{\frac{m-3}{2}}$$
$$= (-2i\cos\vartheta\sinh\lambda + 2\sin\vartheta\cosh\lambda + t\cosh\lambda)^{\frac{m-3}{2}}$$
$$= \sum_{k+s+l=\frac{m-3}{2}} a_{k,s,l}^m (-2i\cos\vartheta\sinh\lambda)^k (2\sin\vartheta\cosh\lambda)^s (t\cosh\lambda)^l$$
$$= \sum_{k+s+l=\frac{m-3}{2}} a_{k,s,l}^m (-i)^k 2^{k+s} (\cos\vartheta)^k (\sinh\lambda)^k (\sin\vartheta)^s (\cosh\lambda)^{s+l} t^l,$$

denn mit Lemma A.6 und Definition 4.30 gilt

$$a_{k,s,l}^m = \frac{\Gamma(\frac{m-1}{2})}{\Gamma(k+1)\Gamma(s+1)\Gamma(\frac{m-1}{2}-k-s)} = \frac{\Gamma(\frac{m-1}{2})}{\Gamma(k+1)\Gamma(s+1)\Gamma(l+1)}.$$

Es folgt:

$$|I_{\nu,m}^\tau(\vartheta)|$$
$$= \left| \sum_{k+s+l=\frac{m-3}{2}} a_{k,s,l}^m (-i)^k 2^{k+s} (\cos\vartheta)^k (\sin\vartheta)^s \int_0^\infty \int_0^\infty \frac{t^{\frac{m-3}{2}+l}}{(1+t\sin\vartheta)^{\nu+m+\frac{1}{2}}} dt \right.$$
$$\left. \cdot (\sinh\lambda)^k (\cosh\lambda)^{s+l} \frac{(\cosh(\lambda+i\vartheta))^\tau \sinh(\lambda+i\vartheta) \left(\frac{\sinh(\lambda+i\vartheta)}{\lambda+i\vartheta}\right)^{\frac{1}{2}}}{(\cosh\lambda)^{\nu+\frac{m}{2}+1}} d\lambda \right|$$

$$\leq \sum_{k+s+l=\frac{m-3}{2}} a_{k,s,l}^m 2^{k+s}(\cos\vartheta)^k(\sin\vartheta)^s \int_0^\infty \int_0^\infty \frac{t^{\frac{m-3}{2}+l}}{(1+t\sin\vartheta)^{v+m+\frac{1}{2}}} dt$$

$$\cdot \frac{|\sinh\lambda|^k |\cosh\lambda|^{s+l} |\cosh(\lambda+i\vartheta)|^\tau |\sinh(\lambda+i\vartheta)| \left|\frac{\sinh(\lambda+i\vartheta)}{\lambda+i\vartheta}\right|^{\frac{1}{2}}}{(\cosh\lambda)^{v+\frac{m}{2}+1}} d\lambda.$$

Es gilt mit Lemma A.5, dass

$$|\cosh(\lambda+i\vartheta)|^\tau \leq \cosh\lambda, \qquad \left|\frac{\sinh(\lambda+i\vartheta)}{\lambda+i\vartheta}\right|^{\frac{1}{2}} \leq C(\cosh\lambda)^{\frac{1}{2}}$$

sowie $\sinh\lambda \geq 0$ und $|\sinh(\lambda+i\vartheta)| \leq \sin\vartheta\cosh\lambda + \cos\vartheta\sinh\lambda$. Damit ist dann

$$\begin{aligned}
|I_{v,m}^\tau(\vartheta)| &\leq C \sum_{k+s+l=\frac{m-3}{2}} a_{k,s,l}^m 2^{k+s}(\cos\vartheta)^k(\sin\vartheta)^s I_{k,s,l}^m \\
&\leq C \sum_{k+s+l=\frac{m-3}{2}} a_{k,s,l}^m 2^{k+s}(\sin\vartheta)^s I_{k,s,l}^m \\
&= CB_{v,m}(\vartheta).
\end{aligned}$$

$\square$

Lemma 4.32 *Sei $I_{k,s,l}^m$ wie in Definition 4.30 und zusätzlich $k+s+l = (m-3)/2$. Dann gilt:*

$$\begin{aligned}
I_{k,s,l}^m &= \frac{1}{2(\sin\vartheta)^{m-2-k-s}} B\left(m-2-k-s, v+\frac{5}{2}+k+s\right) \\
&\quad \cdot \left(\sin\vartheta B\left(\frac{v}{2}, \frac{k+1}{2}\right) + \cos\vartheta B\left(\frac{v}{2}, \frac{k+2}{2}\right)\right).
\end{aligned}$$

Beweis: Das t-Integral liefert einen bekannten Ausdruck, mit Lemma A.4 gilt

$$\begin{aligned}
J_{m,v}^l(\vartheta) &:= \int_0^\infty \frac{t^{\frac{m-3}{2}+l}}{(1+t\sin\vartheta)^{v+m+\frac{1}{2}}} dt \\
&= \frac{1}{(\sin\vartheta)^{\frac{m-3}{2}+l+1}} B\left(\frac{m-3}{2}+l+1, v+m+\frac{1}{2}-\frac{m-3}{2}-l-1\right) \\
&= \frac{1}{(\sin\vartheta)^{\frac{m-1}{2}+l}} B\left(\frac{m-1}{2}+l, v+\frac{m}{2}+1-l\right).
\end{aligned}$$

Damit ergibt sich

$$\begin{aligned}
I_{k,s,l}^m &= J_{m,v}^l(\vartheta) \int_0^\infty \frac{(\sinh\lambda)^k}{(\cosh\lambda)^{v+\frac{m}{2}-s-l-\frac{1}{2}}} (\sin\vartheta\cosh\lambda + \cos\vartheta\sinh\lambda) d\lambda \\
&= J_{m,v}^l(\vartheta) \left(\sin\vartheta \int_0^\infty \frac{(\sinh\lambda)^k}{(\cosh\lambda)^{v+\frac{m}{2}-\frac{3}{2}-s-l}} + \cos\vartheta \int_0^\infty \frac{(\sinh\lambda)^{k+1}}{(\cosh\lambda)^{v+\frac{m}{2}-\frac{1}{2}-s-l}}\right) \\
&= \frac{1}{2} J_{m,v}^l(\vartheta) \left(\sin\vartheta B\left(\frac{v}{2}, \frac{k+1}{2}\right) + \cos\vartheta B\left(\frac{v}{2}, \frac{k+2}{2}\right)\right), \quad (4.18)
\end{aligned}$$

da die Differenz der Potenzen des $\cosh\lambda$ und des $\sinh\lambda$ mit $k+s+l = (m-3)/2$

$$\left(v+\frac{m}{2}-\frac{3}{2}-s-l\right)-k = v+\frac{m}{2}-\frac{3}{2}-\frac{m-3}{2} = v$$

beziehungsweise

$$\left(v+\frac{m}{2}-\frac{1}{2}-s-l\right)-(k+1) = v$$

beträgt und Lemma A.2 somit die obigen Formeln für die beiden Integrale liefert. Da

$$l = \frac{m-3}{2}-k-s,$$

berechnet sich der Vorfaktor zu

$$J^l_{m,v}(\vartheta) = \frac{1}{(\sin\vartheta)^{m-2-k-s}}B\left(m-2-k-s,v+\frac{5}{2}+k+s\right),$$

und damit ist

$$I^m_{k,s,l} = \frac{1}{2(\sin\vartheta)^{m-2-k-s}}B\left(m-2-k-s,v+\frac{5}{2}+k+s\right)$$
$$\cdot\left(\sin\vartheta B\left(\frac{v}{2},\frac{k+1}{2}\right)+\cos\vartheta B\left(\frac{v}{2},\frac{k+2}{2}\right)\right).$$

□

Lemma 4.33 *Sei $\vartheta \in (0,\pi/2)$. Sei $v \in \mathbb{N}_0$, $m \in \mathbb{N}_{\geq 3}$, m ungerade. Dann existiert eine von v, m, ϑ unabhängige Konstante C, so dass gilt*

$$B_{v,m}(\vartheta) \leq \frac{C\Gamma(\frac{m-1}{2})\Gamma(\frac{v}{2})}{\Gamma(v+m+\frac{1}{2})}\sum_{k+s\leq\frac{m-3}{2}}\frac{2^s\Gamma(m-2-k-s)\Gamma(v+\frac{5}{2}+k+s)\left(1+\frac{C}{\sin\vartheta}\left(\frac{m}{v}\right)^{\frac{1}{2}}\right)}{\Gamma(\frac{k}{2}+1)\Gamma(s+1)\Gamma(\frac{m-1}{2}-k-s)(\sin\vartheta)^{m-3-k-2s}\Gamma(\frac{v+k+1}{2})}$$

mit $B_{v,m}(\vartheta)$ wie in Lemma 4.31.

Beweis: Setzt man die Formel für die $I^m_{k,s,l}$ aus Lemma 4.32 in die Formel für $B_{v,m}(\vartheta)$ ein, so erhält man

$$B_{v,m}(\vartheta) = \frac{\Gamma(\frac{m-1}{2})\Gamma(\frac{v}{2})}{\Gamma(v+m+\frac{1}{2})}\sum_{k+s\leq\frac{m-3}{2}}\frac{2^{k+s-1}\Gamma(m-2-k-s)\Gamma(v+\frac{5}{2}+k+s)}{\Gamma(k+1)\Gamma(s+1)\Gamma(\frac{m-1}{2}-k-s)(\sin\vartheta)^{m-2-k-2s}}$$
$$\cdot\left(\frac{\sin\vartheta\Gamma(\frac{k+1}{2})}{\Gamma(\frac{v+k+1}{2})}+\frac{\cos\vartheta\Gamma(\frac{k+2}{2})}{\Gamma(\frac{v+k+2}{2})}\right).$$

Diesen Term wollen wir nun weiter vereinfachen, um ihn abschätzen zu können. Dazu betrachten wir den zweiten Summanden im Klammerausdruck. Da $\cos\vartheta \leq 1$ gilt mit den Abschätzungen aus Lemma A.8

$$\frac{\cos\vartheta\Gamma(\frac{k+2}{2})}{\Gamma(\frac{v+k+2}{2})} \leq \frac{\Gamma(\frac{k+2}{2})}{\Gamma(\frac{v+k+2}{2})} \leq \frac{C_3(\frac{k+1}{2})^{\frac{1}{2}}\Gamma(\frac{k+1}{2})}{C_4(\frac{v+k+1}{2})^{\frac{1}{2}}\Gamma(\frac{v+k+1}{2})} \leq C\left(\frac{m}{v}\right)^{\frac{1}{2}}\frac{\Gamma(\frac{k+1}{2})}{\Gamma(\frac{v+k+1}{2})}.$$

Mit der Legendreschen Verdoppelungsformel (siehe [B-S]) ist

$$\frac{\Gamma(\frac{k+1}{2})}{\Gamma(k+1)} = \frac{(2\pi)^{\frac{1}{2}} 2^{-2(\frac{k+1}{2})+\frac{1}{2}}}{\Gamma(\frac{k}{2}+1)} = \frac{\pi^{\frac{1}{2}} 2^{-k}}{\Gamma(\frac{k}{2}+1)}.$$

Insgesamt ist dann

$$B_{\nu,m}(\vartheta) \leq \frac{C\Gamma(\frac{m-1}{2})\Gamma(\frac{\nu}{2})}{\Gamma(\nu+m+\frac{1}{2})} \sum_{k+s \leq \frac{m-3}{2}} \frac{2^s \Gamma(m-2-k-s)\Gamma(\nu+\frac{5}{2}+k+s)}{\Gamma(\frac{k}{2}+1)\Gamma(s+1)\Gamma(\frac{m-1}{2}-k-s)\Gamma(\frac{\nu+k+1}{2})}$$
$$\cdot \frac{1}{(\sin\vartheta)^{m-3-k-2s}} \left(1 + \frac{C}{\sin\vartheta}\left(\frac{m}{\nu}\right)^{\frac{1}{2}}\right).$$

□

Dieser Term soll nun abgeschätzt werden, indem die Summanden gegen ein gemeinsames Maximum abgeschätzt werden. Dafür sollen jetzt die Terme mit $\sin\vartheta$ betrachtet werden.

Lemma 4.34 *Sei $\tau \in \{0,1\}$. Seien $\nu, m \in \mathbb{N}_0$, m ungerade so, dass im Fall $\tau = 1$ eine Heisenberg-Typ-Gruppe $\mathbb{H}_{n,m}$ mit $m \geq 3$ bzw. im Fall $\tau = 0$ eine Heisenberg-Typ-Gruppe $\mathbb{H}_{n+2,m-2}$ mit $m \geq 5$ existiert. Sei $\vartheta_\tau(\nu,m)$ wie in Definition 4.4. Nach Korollar 2.24 ist dann $\vartheta_\tau(\nu,m) \in (0, \pi/2)$. Dann existiert eine von ν, m, τ unabhängige Konstante C' so, dass für alle $\vartheta \in (\vartheta_\tau(\nu,m), \pi/2)$, $k, s \in \mathbb{N}$ mit $k+s \leq (m-3)/2$ gilt:*

$$(\sin\vartheta)^{-(m-3-k-2s)} \leq C' \left(\frac{0,9m}{\nu}\right)^{-\frac{m-3}{2}+\frac{k}{2}+s}$$

sowie

$$1 + \frac{C}{\sin\vartheta}\left(\frac{m}{\nu}\right)^{\frac{1}{2}} \leq C'.$$

Beweis: Nach Definition ist $\vartheta_0(\nu,m) = (0,9(m-2)/(\nu+1))^{\frac{1}{2}}$, $\vartheta_1(\nu,m) = (0,9 \cdot m/\nu)^{\frac{1}{2}}$. Da $k+s \leq (m-3)/2$, gilt

$$m-3-k-2s \geq m-3-2k-2s = m-3-2(k+s) \geq m-3-(m-3) = 0.$$

Also ist der Exponent des $\sin\vartheta$ in jedem Fall negativ. Da $\sin$ auf $[0, \pi/2]$ monoton steigend ist, gilt $\sin\vartheta \geq \sin\vartheta_\tau(\nu,m)$ und damit

$$(\sin\vartheta)^{-(m-3-k-2s)} \leq (\sin\vartheta_\tau(\nu,m))^{-(m-3-k-2s)}.$$

Wegen Lemma A.9 gilt

$$\sin\vartheta_\tau(\nu,m) \geq \vartheta_\tau(\nu,m) e^{-\frac{(\vartheta_\tau(\nu,m))^2}{5}},$$

also ist

$$(\sin\vartheta)^{-(m-3-k-2s)} \leq (\vartheta_\tau(v,m))^{-(m-3-k-2s)} e^{\frac{(\vartheta_\tau(v,m))^2}{5}(m-3-k-2s)}$$
$$\leq (\vartheta_\tau(v,m))^{-(m-3-k-2s)} e^{\frac{0,9 \cdot m^2}{5v}}.$$

Wegen Lemma 2.24 ist im Fall $\tau = 1$ der Ausdruck $(0,9 \cdot m^2)/(5v)$ stets durch eine von v, m unabhängige Konstante C' beschränkt, da in diesem Fall eine Heisenberg-Typ-Gruppe $\mathbb{H}_{n,m}$ existiert. Aber auch im Fall $\tau = 0$ ist $(0,9 \cdot m^2)/(5v)$ durch eine solche Konstante beschränkt, da dann eine Heisenberg-Typ-Gruppe $\mathbb{H}_{n+2,m-2}$ existiert und aus der uniformen Beschränktheit von $(m-2)^2/(v+1)$ (die von Lemma 2.24 garantiert wird) leicht die von $(0,9 \cdot m^2)/(5v)$ folgt. Damit ist

$$(\sin\vartheta)^{-(m-3-k-2s)} \leq C'(\vartheta_\tau(v,m))^{-(m-3-k-2s)}.$$

Im Fall $\tau = 1$ ist damit die Behauptung bewiesen. Im Fall $\tau = 0$ reicht es zu zeigen, dass

$$\left(\frac{0,9(m-2)}{v+1}\right)^{-\frac{m-3}{2}+\frac{k}{2}+s} \leq C'\left(\frac{0,9 \cdot m}{v}\right)^{-\frac{m-3}{2}+\frac{k}{2}+s}.$$

In Lemma 2.24 wurde bewiesen, dass im Fall $m - 2 \geq 3$ gilt:

$$\left(\frac{0,9(m-2)}{v+1}\right)^{\frac{(m-2)-1}{2}} \geq C\left(\frac{0,9 \cdot m}{v}\right)^{\frac{(m-2)-1}{2}}.$$

Es folgt dann

$$\left(\frac{0,9(m-2)}{v+1}\right)^{-\frac{m-3}{2}+\frac{k}{2}+s} \leq \left(\frac{0,9(m-2)}{v+1}\right)^{-\frac{m-3}{2}} \left(\frac{0,9 \cdot m}{v}\right)^{\frac{k}{2}+s}$$
$$\leq C\left(\frac{0,9 \cdot m}{v}\right)^{-\frac{m-3}{2}} \left(\frac{0,9 \cdot m}{v}\right)^{\frac{k}{2}+s}$$
$$= \left(\frac{0,9 \cdot m}{v}\right)^{-\frac{m-3}{2}+\frac{k}{2}+s}.$$

Desweiteren folgt sofort für $\tau = 1$:

$$1 + \frac{C}{\sin\vartheta}\left(\frac{m}{v}\right)^{\frac{1}{2}} \leq 1 + C\left(\frac{0,9 \cdot m}{v}\right)^{-\frac{1}{2}} e^{\frac{0,9 \cdot m}{5v}}\left(\frac{m}{v}\right)^{\frac{1}{2}} \leq C'$$

und im Fall $\tau = 0$:

$$1 + \frac{C}{\sin\vartheta}\left(\frac{m}{v}\right)^{\frac{1}{2}} \leq 1 + C\left(\frac{0,9(m-2)}{v+1}\right)^{-\frac{1}{2}} e^{\frac{0,9(m-2)}{5(v+1)}}\left(\frac{m}{v}\right)^{\frac{1}{2}} \leq C'.$$

□

Korollar 4.35 *Seien die Voraussetzungen an v, m, τ, ϑ wie in Lemma 4.34. Dann existiert eine von v, m, τ unabhängige Konstante C, so dass für alle $\vartheta \in (\vartheta_\tau(v,m), \pi/2)$ gilt*

$$|B_{v,m}(\vartheta)|$$
$$\leq \frac{C\Gamma(\frac{m-1}{2})\Gamma(\frac{v}{2})}{\Gamma(v+m+\frac{1}{2})} \sum_{k+s \leq \frac{m-3}{2}} \frac{2^s \Gamma(m-2-k-s)\Gamma(v+\frac{5}{2}+k+s)}{\Gamma(\frac{k}{2}+1)\Gamma(s+1)\Gamma(\frac{m-1}{2}-k-s)\Gamma(\frac{v+k+1}{2})} \cdot \left(\frac{0{,}9 \cdot m}{v}\right)^{-\frac{m-3}{2}+\frac{k}{2}+s}.$$

Beweis: Dies folgt sofort aus den Lemmata 4.33 und 4.34. □

Um die Notation in den folgenden Rechnungen zu erleichtern, ist folgende Definition hilfreich:

Definition 4.36 *Sei für v, m wie in Lemma 4.34, $k, s \in \mathbb{N}_0$ mit $k+s \leq (m-3)/2$*

$$c_{v,m,k,s} := \frac{2^s \Gamma(m-2-k-s)\Gamma(v+\frac{5}{2}+k+s)}{\Gamma(\frac{k}{2}+1)\Gamma(s+1)\Gamma(\frac{m-1}{2}-k-s)\Gamma(\frac{v+k+1}{2})} \left(\frac{0{,}9 \cdot m}{v}\right)^{-\frac{m-3}{2}+\frac{k}{2}+s}.$$

Bemerkung 4.37 Dann ist also mit v, m, τ wie in Lemma 4.34 für alle $\vartheta \in (\vartheta_\tau(v,m), \pi/2)$

$$B_{v,m}(\vartheta) \leq \frac{C\Gamma(\frac{m-1}{2})\Gamma(\frac{v}{2})}{\Gamma(v+m+\frac{1}{2})} \sum_{k+s \leq \frac{m-3}{2}} c_{v,m,k,s} \leq \frac{C\Gamma(\frac{m-1}{2})\Gamma(\frac{v}{2})}{\Gamma(v+m+\frac{1}{2})} m^2 \max\{c_{v,m,k,s} | k+s \leq (m-3)/2\}.$$

Im Folgenden sollen nun also die $c_{v,m,k,s}$ näher betrachtet werden. Wir werden zuerst den Quotienten der beiden Funktionswerte der Gamma-Funktion betrachten, bei denen ein v im Argument vorkommt.

Lemma 4.38 *Seien v, m, τ wie in Lemma 4.34, $k, s \in \mathbb{N}_0$ mit $k+s \leq (m-3)/2$. Dann gilt: es existiert eine von v, m, k, s unabhängige Konstante C so, dass*

$$\frac{\Gamma(v+\frac{5}{2}+k+s)}{\Gamma(\frac{v+k+1}{2})} \leq C e^{-\frac{v}{2}-\frac{m}{2}} 2^{\frac{v}{2}+\frac{k}{2}} v^{2+\frac{k}{2}+s-\frac{m}{2}} (v+m)^{\frac{v}{2}+\frac{m}{2}}.$$

Beweis: Es ist mit der Stirling-Formel A.8

$$\frac{\Gamma(v+\frac{5}{2}+k+s)}{\Gamma(\frac{v+k+1}{2})}$$
$$\leq Ce^{-(v+\frac{5}{2}+k+s)+\frac{v+k+1}{2}} \left(v+\frac{5}{2}+k+s\right)^{v+2+k+s} \left(\frac{v+k+1}{2}\right)^{-\frac{v+k}{2}}$$
$$= Ce^{-\frac{v}{2}-\frac{k}{2}-s} 2^{\frac{v}{2}+\frac{k}{2}} \left(v+\frac{5}{2}+k+s\right)^{v+2+k+s} (v+k+1)^{-\frac{v}{2}-\frac{k}{2}-\frac{1}{2}+\frac{1}{2}}$$
$$= Ce^{-\frac{v}{2}-\frac{k}{2}-s} 2^{\frac{v}{2}+\frac{k}{2}} \left(v+\frac{5}{2}+k+s\right)^{\frac{v}{2}+\frac{3}{2}+\frac{k}{2}+s} (v+k+1)^{\frac{1}{2}} \cdot \left(\left(\frac{v+\frac{5}{2}+k+s}{v+k+1}\right)^{v+k+1}\right)^{\frac{1}{2}}$$

$$
\begin{aligned}
&= Ce^{-\frac{v}{2}-\frac{k}{2}-s}2^{\frac{v}{2}+\frac{k}{2}}\left(v+\frac{5}{2}+k+s\right)^{\frac{v}{2}+\frac{3}{2}+\frac{k}{2}+s}(v+k+1)^{\frac{1}{2}}\cdot\left(\left(1+\frac{\frac{3}{2}+s}{v+k+1}\right)^{v+k+1}\right)^{\frac{1}{2}}\\
&\leq Ce^{-\frac{v}{2}-\frac{k}{2}-\frac{s}{2}}2^{\frac{v}{2}+\frac{k}{2}}\left(v+\frac{5}{2}+k+s\right)^{\frac{v}{2}+\frac{3}{2}+\frac{k}{2}+s}(v+k+1)^{\frac{1}{2}},
\end{aligned}
$$

da mit Lemma A.1

$$\left(1+\frac{\frac{3}{2}+s}{v+k+1}\right)^{v+k+1} \leq Ce^s.$$

Also ist

$$\frac{\Gamma(v+\frac{5}{2}+k+s)}{\Gamma(\frac{v+k+1}{2})}$$

$$
\begin{aligned}
&\leq Ce^{-\frac{v}{2}-\frac{k}{2}-\frac{s}{2}}2^{\frac{v}{2}+\frac{k}{2}}\left(v+\frac{5}{2}+k+s\right)^{\frac{v}{2}+\frac{3}{2}+\frac{k}{2}+s}(v+k+1)^{\frac{1}{2}}\\
&= Ce^{-\frac{v}{2}-\frac{k}{2}-\frac{s}{2}}2^{\frac{v}{2}+\frac{k}{2}}\left(v+\frac{5}{2}+k+s\right)^{\frac{v}{2}+\frac{m}{2}+\frac{3}{2}+\frac{k}{2}+s-\frac{m}{2}}(v+m)^{\frac{v}{2}+\frac{m}{2}-\frac{v}{2}-\frac{m}{2}}\cdot(v+k+1)^{\frac{1}{2}}\\
&= Ce^{-\frac{v}{2}-\frac{k}{2}-\frac{s}{2}}2^{\frac{v}{2}+\frac{k}{2}}\left(v+\frac{5}{2}+k+s\right)^{\frac{3}{2}+\frac{k}{2}+s-\frac{m}{2}}(v+m)^{\frac{v}{2}+\frac{m}{2}}\\
&\quad \cdot\left(\left(\frac{v+\frac{5}{2}+k+s}{v+m}\right)^{v+m}\right)^{\frac{1}{2}}(v+k+1)^{\frac{1}{2}}\\
&= Ce^{-\frac{v}{2}-\frac{k}{2}-\frac{s}{2}}2^{\frac{v}{2}+\frac{k}{2}}\left(v+\frac{5}{2}+k+s\right)^{\frac{3}{2}+\frac{k}{2}+s-\frac{m}{2}}(v+m)^{\frac{v}{2}+\frac{m}{2}}\\
&\quad \cdot\left(\left(1+\frac{-m+\frac{5}{2}+k+s}{v+m}\right)^{v+m}\right)^{\frac{1}{2}}(v+k+1)^{\frac{1}{2}}\\
&\leq Ce^{-\frac{v}{2}-\frac{m}{2}}2^{\frac{v}{2}+\frac{k}{2}}\left(v+\frac{5}{2}+k+s\right)^{\frac{3}{2}+\frac{k}{2}+s-\frac{m}{2}}(v+m)^{\frac{v}{2}+\frac{m}{2}}\cdot(v+k+1)^{\frac{1}{2}},
\end{aligned}
$$

da

$$v+m \geq m-\frac{5}{2} \geq m-\frac{5}{2}-k-s = -\left(-m+\frac{5}{2}+k+s\right).$$

Hieraus folgt mit Lemma A.1:

$$\left(1+\frac{-m+\frac{5}{2}+k+s}{v+m}\right)^{v+m} \leq Ce^{-m+k+s}.$$

Es ist

$$\frac{3}{2}+\frac{k}{2}+s-\frac{m}{2} \leq \frac{3}{2}+k+s-\frac{m}{2} \leq \frac{3}{2}+\frac{m-3}{2}-\frac{m}{2} = 0,$$

und da

$$\left(v+\frac{5}{2}+k+s\right) \geq v,$$

gilt
$$\left(v+\frac{5}{2}+k+s\right)^{\frac{3}{2}+\frac{k}{2}+s-\frac{m}{2}} \leq v^{\frac{3}{2}+\frac{k}{2}+s-\frac{m}{2}}.$$

Da außerdem
$$v+k+1 \leq v+m,$$

gilt
$$(v+k+1)^{\frac{1}{2}} \leq Cv^{\frac{1}{2}}.$$

Insgesamt folgt dann
$$\frac{\Gamma(v+\frac{5}{2}+k+s)}{\Gamma(\frac{v+k+1}{2})} \leq Ce^{-\frac{v}{2}-\frac{m}{2}} 2^{\frac{v}{2}+\frac{k}{2}} v^{2+\frac{k}{2}+s-\frac{m}{2}} (v+m)^{\frac{v}{2}+\frac{m}{2}}.$$

$\square$

Definition 4.39 Seien v, m, τ wie in Lemma 4.34, $k, s \in \mathbb{N}_0$ mit $k+s \leq (m-3)/2$. Seien

$$\beta_{v,m} := v^{\frac{1}{2}}(v+m)^{\frac{v}{2}+\frac{m}{2}} (0,9 \cdot m)^{-\frac{m-3}{2}} e^{-\frac{v}{2}-m} 2^{\frac{v}{2}},$$

$$\gamma_{m,k,s} := \frac{e^{\frac{m}{2}}(1,8 \cdot m)^{\frac{k}{2}+s} \Gamma(m-2-k-s)}{\Gamma(\frac{k}{2}+1)\Gamma(s+1)\Gamma(\frac{m-1}{2}-k-s)}.$$

Korollar 4.40 Mit v, m, τ wie in Lemma 4.34, $k, s \in \mathbb{N}_0$ mit $k+s \leq (m-3)/2$, $\beta_{v,m}$, $\gamma_{m,k,s}$ wie oben, $c_{v,m,k,s}$ wie in Definition 4.36 folgt dann: es existiert eine Konstante C, so dass für alle v, m, k, s gilt:

$$c_{v,m,k,s} \leq C\beta_{v,m}\gamma_{m,k,s}.$$

Beweis: Es gilt:

$$\begin{aligned}
&c_{v,m,k,s} \\
\leq\ & \frac{2^s \Gamma(m-2-k-s)}{\Gamma(\frac{k}{2}+1)\Gamma(s+1)\Gamma(\frac{m-1}{2}-k-s)} Ce^{-\frac{v}{2}-\frac{m}{2}} 2^{\frac{v}{2}+\frac{k}{2}} v^{2+\frac{k}{2}+s-\frac{m}{2}} (v+m)^{\frac{v}{2}+\frac{m}{2}} \left(\frac{0,9 \cdot m}{v}\right)^{-\frac{m-3}{2}+\frac{k}{2}+s} \\
=\ & Cv^{\frac{1}{2}}(v+m)^{\frac{v}{2}+\frac{m}{2}} (0,9 \cdot m)^{-\frac{m-3}{2}} e^{-\frac{v}{2}-\frac{m}{2}} 2^{\frac{v}{2}} \frac{(1,8 \cdot m)^{\frac{k}{2}+s} \Gamma(m-2-k-s)}{\Gamma(\frac{k}{2}+1)\Gamma(s+1)\Gamma(\frac{m-1}{2}-k-s)} \\
=\ & Cv^{\frac{1}{2}}(v+m)^{\frac{v}{2}+\frac{m}{2}} (0,9 \cdot m)^{-\frac{m-3}{2}} e^{-\frac{v}{2}-m} 2^{\frac{v}{2}} \frac{e^{\frac{m}{2}}(1,8 \cdot m)^{\frac{k}{2}+s} \Gamma(m-2-k-s)}{\Gamma(\frac{k}{2}+1)\Gamma(s+1)\Gamma(\frac{m-1}{2}-k-s)} \\
=\ & \beta_{v,m}\gamma_{m,k,s}.
\end{aligned}$$

$\square$

Im Folgenden soll $\gamma_{m,k,s}$ abgeschätzt werden. Dafür wird zuerst wieder die Stirlingsche Formel angewendet.

Die in der folgenden Definition erklärte Hilfsfunktion wird sich als nützlich für weitere Rechnungen erweisen.

Definition 4.41 Sei $m \in \mathbb{N}_{\geq 3}$. Sei

$$h: [0, (m-3)/2] \to \mathbb{R}, \quad x \mapsto \frac{(0{,}9 \cdot e \cdot m)^{-\frac{x}{2}}}{(x+2)^{\frac{x+2}{2}} \left(\frac{m-1}{2} - x\right)^{\frac{m-1}{2} - x}}$$

$$= \exp\left(-\frac{x}{2} \log(0{,}9 \cdot e \cdot m) - \frac{x+2}{2} \log(x+2) - \left(\frac{m-1}{2} - x\right) \log\left(\frac{m-1}{2} - x\right)\right).$$

Lemma 4.42 *Seien $m \in \mathbb{N}_{\geq 3}$, k, $s \in \mathbb{N}_0$ mit $k+s \leq (m-3)/2$, h wie in Definition 4.41. Dann gilt mit einer von m, k, s unabhängigen Konstante C:*

$$\gamma_{m,k,s} \leq C 2^{\frac{m}{2}} m^{\frac{m-3}{2}} (0{,}9 \cdot e \cdot m)^{\frac{m-1}{2}} \max_{x \in \left[0, \frac{m-3}{2}\right]} h(x).$$

Beweis: Zuerst wird wieder die Stirlingformel A.8 angewendet, um die vorkommenden Gammafunktionsterme abzuschätzen.

$$\gamma_{m,k,s}$$
$$= \frac{e^{\frac{m}{2}}(1{,}8 \cdot m)^{\frac{k}{2}+s} \Gamma(m-2-k-s)}{\Gamma(\frac{k}{2}+1) \Gamma(s+1) \Gamma(\frac{m-1}{2}-k-s)}$$
$$\leq C e^{\frac{m}{2}} (1{,}8 \cdot m)^{\frac{k}{2}+s} e^{-(m-2-k-s)+(\frac{k}{2}+1)+(s+1)+(\frac{m-1}{2}-k-s)}$$
$$\cdot (m-2-k-s)^{m-2{,}5-k-s} \left(\frac{k}{2}+1\right)^{-(\frac{k}{2}+\frac{1}{2})} (s+1)^{-(s+\frac{1}{2})} \left(\frac{m-1}{2}-k-s\right)^{-(\frac{m}{2}-k-s-1)}$$
$$= C(1{,}8 \cdot e \cdot m)^{\frac{k}{2}+s} (m-2-k-s)^{m-2{,}5-k-s}$$
$$\cdot \left(\frac{k}{2}+1\right)^{-\frac{k}{2}-\frac{1}{2}} (s+1)^{-s-\frac{1}{2}} \left(\frac{m-1}{2}-k-s\right)^{-\frac{m}{2}+k+s+1}$$
$$= C(1{,}8 \cdot e \cdot m)^{\frac{k}{2}+s} (m-2-k-s)^{\frac{m}{2}-1-k-s+\frac{m-3}{2}}$$
$$\cdot \left(\frac{k}{2}+1\right)^{-\frac{k}{2}-\frac{1}{2}} (s+1)^{-s-\frac{1}{2}} 2^{\frac{m}{2}-k-s} (m-1-2k-2s)^{-\frac{m}{2}+k+s+1}$$
$$= C(1{,}8 \cdot e \cdot m)^{\frac{k}{2}+s} 2^{\frac{m}{2}-k-s} (m-2-k-s)^{\frac{m-3}{2}}$$
$$\cdot \left(\frac{k}{2}+1\right)^{-\frac{k}{2}-\frac{1}{2}} (s+1)^{-s-\frac{1}{2}} \left(\frac{m-2-k-s}{m-1-2k-2s}\right)^{\frac{m}{2}-1-k-s}$$
$$= C(1{,}8 \cdot e \cdot m)^{\frac{k}{2}+s} 2^{\frac{m}{2}-k-s} (m-2-k-s)^{\frac{m-3}{2}}$$
$$\cdot \left(\frac{k}{2}+1\right)^{-\frac{k}{2}-\frac{1}{2}} (s+1)^{-s-\frac{1}{2}} \left(\left(1 + \frac{k+s-1}{m-1-2k-2s}\right)^{m-2-2k-2s}\right)^{\frac{1}{2}}.$$

Der Term

$$\left(\left(1+\frac{k+s-1}{m-1-2k-2s}\right)^{m-2-2k-2s}\right)^{\frac{1}{2}}$$

muss nun näher betrachtet werden. Für den Exponenten $m-2-2k-2s$ gilt wegen $k+s \leq (m-3)/2$ stets

$$m-2-2k-2s \geq m-2-2\left(\frac{m-3}{2}\right) = 1,$$

also ist im Fall $k+s-1 \geq 0$

$$\left(1+\frac{k+s-1}{m-1-2k-2s}\right)^{m-2-2k-2s} \leq \left(1+\frac{k+s-1}{m-2-2k-2s}\right)^{m-2-2k-2s}$$
$$\leq e^{k+s-1},$$

und im Fall $k+s-1 < 0$, in dem $k = 0 = s$ ist

$$\left(1+\frac{k+s-1}{m-1-2k-2s}\right)^{m-2-2k-2s} \leq 1 = e^{k+s}.$$

Insgesamt ist also

$$\gamma_{m,k,s} \leq C(1,8 \cdot e \cdot m)^{\frac{k}{2}+s} 2^{\frac{m}{2}-k-s} e^{\frac{k}{2}+\frac{s}{2}} (m-2-k-s)^{\frac{m-3}{2}} \cdot \left(\frac{k}{2}+1\right)^{-\frac{k}{2}-\frac{1}{2}} (s+1)^{-s-\frac{1}{2}}.$$

Es folgt mit

$$m-2-k-s \geq m-2-\frac{m-3}{2} = \frac{m-1}{2} = \frac{m}{4}+\frac{1}{4}(m-2) \geq \frac{m}{4},$$

dass

$$(m-2-k-s)^{-\frac{3}{2}} \leq Cm^{-\frac{3}{2}},$$

und damit

$$\gamma_{m,k,s}$$
$$\leq C(1,8 \cdot e \cdot m)^{\frac{k}{2}+s} 2^{\frac{m}{2}-k-s} e^{\frac{k}{2}+\frac{s}{2}} m^{\frac{m-3}{2}} \left(\frac{k}{2}+1\right)^{-\frac{k}{2}-\frac{1}{2}} (s+1)^{-s-\frac{1}{2}} \left(\frac{m-2-k-s}{m}\right)^{\frac{m}{2}}$$
$$= C(1,8 \cdot e \cdot m)^{\frac{k}{2}+s} 2^{\frac{m}{2}-k-s} e^{\frac{k}{2}+\frac{s}{2}} m^{\frac{m-3}{2}} \left(\frac{k}{2}+1\right)^{-\frac{k}{2}-\frac{1}{2}} (s+1)^{-s-\frac{1}{2}} \left(\left(1-\frac{2+k+s}{m}\right)^m\right)^{\frac{1}{2}}.$$

Da

$$m = \frac{m}{2}+\frac{m}{2} \geq \frac{m}{2}+\frac{1}{2} = 2+\frac{m-3}{2} \geq 2+k+s,$$

gilt mit Lemma A.1

$$\left(1-\frac{2+k+s}{m}\right)^m \leq e^{-2-k-s},$$

woraus folgt:

$$
\begin{aligned}
\gamma_{m,k,s} &\leq C(1,8\cdot e\cdot m)^{\frac{k}{2}+s} 2^{\frac{m}{2}-k-s} e^{\frac{k}{2}+\frac{s}{2}} m^{\frac{m-3}{2}} \left(\frac{k}{2}+1\right)^{-\frac{k}{2}-\frac{1}{2}} (s+1)^{-s-\frac{1}{2}} e^{-\frac{k}{2}-\frac{s}{2}} \\
&= C(1,8\cdot e\cdot m)^{\frac{k}{2}+s} 2^{\frac{m}{2}-k-s} m^{\frac{m-3}{2}} \left(\frac{k}{2}+1\right)^{-\frac{k}{2}-\frac{1}{2}} (s+1)^{-s-\frac{1}{2}} \\
&= C(1,8\cdot e\cdot m)^{\frac{k}{2}+s} 2^{\frac{m}{2}-\frac{k}{2}-s} m^{\frac{m-3}{2}} (k+2)^{-\frac{k}{2}-\frac{1}{2}} (s+1)^{-s-\frac{1}{2}} \\
&= C(0,9\cdot e\cdot m)^{\frac{k}{2}+s} 2^{\frac{m}{2}} m^{\frac{m-3}{2}} (k+2)^{-\frac{k}{2}-\frac{1}{2}} (s+1)^{-s-\frac{1}{2}} \\
&= C 2^{\frac{m}{2}} m^{\frac{m-5}{2}} \left(\frac{0,9\cdot e\cdot m}{k+2}\right)^{\frac{k}{2}+\frac{1}{2}} \left(\frac{0,9\cdot e\cdot m}{s+1}\right)^{s+\frac{1}{2}}.
\end{aligned} \quad (4.19)
$$

Definiert man nun

$$f : [0,(m-3)/2] \to \mathbb{R}, \quad x \mapsto \left(\frac{0,9\cdot e\cdot m}{x+2}\right)^{\frac{x}{2}+\frac{1}{2}} = \exp\left(\left(\frac{x}{2}+\frac{1}{2}\right)\log\left(\frac{0,9\cdot e\cdot m}{x+2}\right)\right)$$

und

$$g : [0,(m-3)/2] \to \mathbb{R}, \quad y \mapsto \left(\frac{0,9\cdot e\cdot m}{y+1}\right)^{y+\frac{1}{2}} = \exp\left(\left(y+\frac{1}{2}\right)\log\left(\frac{0,9\cdot e\cdot m}{y+1}\right)\right),$$

so sind f und g monoton steigend, was im Folgenden gezeigt werden soll. Die Isotonie von f und g bedingt dann, dass das Maximum des Terms in (4.19) auf der Menge $\{(k,s) | k+s = (m-3)/2\}$ angenommen wird. Es gilt:

$$
\begin{aligned}
f'(x) &= f(x)\cdot\left(\frac{1}{2}\log\left(\frac{0,9\cdot e\cdot m}{x+2}\right) + \left(\frac{x}{2}+\frac{1}{2}\right)\cdot\left(-\frac{1}{x+2}\right)\right) \\
&= \frac{1}{2}f(x)\left(\log\left(\frac{0,9\cdot e\cdot m}{x+2}\right) - \frac{x+1}{x+2}\right).
\end{aligned}
$$

Es ist

$$
\begin{aligned}
\log\left(\frac{0,9\cdot e\cdot m}{x+2}\right) - \frac{x+1}{x+2} &= \log\left(\frac{0,9\cdot m}{x+2}\right) + \frac{1}{x+2} \\
&\geq \log\left(\frac{0,9\cdot m}{\frac{m-3}{2}+2}\right) \\
&= \log\left(\frac{1,8\cdot m}{m+1}\right) \\
&\geq 0,
\end{aligned}
$$

da $1,8\cdot m = m + 0,8\cdot m \geq m+1$. Für g gilt

$$g'(x) = g(y)\left(\log\left(\frac{0,9\cdot e\cdot m}{y+1}\right) - \frac{y+\frac{1}{2}}{y+1}\right).$$

Ferner ist

$$\log\left(\frac{0{,}9\cdot e\cdot m}{y+1}\right) - \frac{y+\frac{1}{2}}{y+1} = \log\left(\frac{0{,}9\cdot m}{y+1}\right) + \frac{1}{2(y+1)}$$
$$\geq \log\left(\frac{0{,}9\cdot m}{y+1}\right)$$
$$\geq \log\left(\frac{0{,}9\cdot m}{\frac{m-3}{2}+1}\right)$$
$$= \log\left(\frac{1{,}8\cdot m}{m-1}\right)$$
$$\geq 0,$$

da $1{,}8\cdot m \geq m-1$. Also sind f und g beide monoton steigend. Es gilt also mit Ungleichung (4.19):

$$\gamma_{m,k,s}$$
$$\leq C 2^{\frac{m}{2}} m^{\frac{m-5}{2}} \left(\frac{0{,}9\cdot e\cdot m}{k+2}\right)^{\frac{k}{2}+\frac{1}{2}} \left(\frac{0{,}9\cdot e\cdot m}{s+1}\right)^{s+\frac{1}{2}}$$
$$\leq C 2^{\frac{m}{2}} m^{\frac{m-5}{2}} \max_{k\in\{0,\dots,\frac{m-3}{2}\}} \left\{\left(\frac{0{,}9\cdot e\cdot m}{k+2}\right)^{\frac{k}{2}+\frac{1}{2}} \left(\frac{0{,}9\cdot e\cdot m}{\frac{m-3}{2}-k+1}\right)^{\frac{m-3}{2}-k+\frac{1}{2}}\right\}$$
$$= C 2^{\frac{m}{2}} m^{\frac{m-5}{2}} (0{,}9\cdot e\cdot m)^{\frac{m-1}{2}} \max_{k\in\{0,\dots,\frac{m-3}{2}\}} \frac{(0{,}9\cdot e\cdot m)^{-\frac{k}{2}}}{(k+2)^{\frac{k}{2}+\frac{1}{2}}(\frac{m-1}{2}-k)^{\frac{m-2}{2}-k}}$$
$$= C 2^{\frac{m}{2}} m^{\frac{m-5}{2}} (0{,}9\cdot e\cdot m)^{\frac{m-1}{2}} \max_{k\in\{0,\dots,\frac{m-3}{2}\}} \frac{(0{,}9\cdot e\cdot m)^{-\frac{k}{2}}((k+2)(\frac{m-1}{2}-k))^{\frac{1}{2}}}{(k+2)^{\frac{k+2}{2}}(\frac{m-1}{2}-k)^{\frac{m-1}{2}-k}}$$
$$\leq C 2^{\frac{m}{2}} m^{\frac{m-3}{2}} (0{,}9\cdot e\cdot m)^{\frac{m-1}{2}} \max_{k\in\{0,\dots,\frac{m-3}{2}\}} \frac{(0{,}9\cdot e\cdot m)^{-\frac{k}{2}}}{(k+2)^{\frac{k+2}{2}}(\frac{m-1}{2}-k)^{\frac{m-1}{2}-k}},$$

da

$$(k+2)\left(\frac{m-1}{2}-k\right) \leq \frac{m+1}{2}\cdot\frac{m-1}{2} = \frac{m^2-1}{4} \leq Cm^2.$$

Es folgt

$$\gamma_{m,k,s} \leq C 2^{\frac{m}{2}} m^{\frac{m-3}{2}} (0{,}9\cdot em)^{\frac{m-1}{2}} \max_{k\in\{0,\dots,\frac{m-3}{2}\}} \frac{(0{,}9\cdot e\cdot m)^{-\frac{k}{2}}}{(k+2)^{\frac{k+2}{2}}(\frac{m-1}{2}-k)^{\frac{m-1}{2}-k}}$$
$$\leq C 2^{\frac{m}{2}} m^{\frac{m-3}{2}} (0{,}9\cdot em)^{\frac{m-1}{2}} \max_{x\in[0,\frac{m-3}{2}]} h(x)$$

mit h wie in Definition 4.41. □

Das folgende Lemma untersucht nun das Maximum der Funktion h in Abhängigkeit von m.

Lemma 4.43 *Die Funktion h nimmt für $m \geq 10$ im Punkt*

$$\frac{C(m)m}{2} - \frac{1}{2}$$

ihr Maximum an, wobei

$$C(m) := 1{,}9 - \sqrt{2{,}61 + \frac{5{,}4}{m}},$$

und für $3 \leq m < 10$ im Punkt 0.

Beweis: Sei $x \in [0, (m-3)/2]$. Dann ist

$$\begin{aligned}
h'(x) &= h(x) \cdot \left(-\frac{1}{2}\log(0{,}9 \cdot em) - \frac{1}{2}\log(x+2) - \frac{1}{2} + \log\left(\frac{m-1}{2} - x\right) + 1\right) \\
&= \frac{1}{2}h(x) \cdot \left(-\log(0{,}9 \cdot e \cdot m) - \log(x+2) + 1 + 2\log\left(\frac{m-1}{2} - x\right)\right) \\
&= \frac{1}{2}h(x) \cdot \left(-\log(0{,}9 \cdot m) - \log(x+2) + 2\log\left(\frac{m-1}{2} - x\right)\right).
\end{aligned}$$

Sei nun

$$\rho \ : \ \left[\frac{1}{m}, 1 - \frac{2}{m}\right] \to \left[0, \frac{m-3}{2}\right], \ y \mapsto \frac{ym}{2} - \frac{1}{2}.$$

Dann ist ρ surjektiv und streng monoton wachsend. Es ist

$$\begin{aligned}
h'(\rho(y)) &= \frac{1}{2}h(\rho(y)) \cdot \left(-\log(0{,}9 \cdot m) - \log\left(\frac{ym}{2} - \frac{1}{2} + 2\right) + 2\log\left(\frac{m-1}{2} - \frac{ym}{2} + \frac{1}{2}\right)\right) \\
&= \frac{1}{2}h(\rho(y)) \cdot \left(-\log(0{,}9 \cdot m) - \log\left(\frac{ym+3}{2}\right) + \log\left(\frac{(m-ym)^2}{4}\right)\right) \\
&= \frac{1}{2}h(\rho(y)) \log\left(\frac{(m-ym)^2}{1{,}8 \cdot m(ym+3)}\right) \\
&= \frac{1}{2}h(\rho(y)) \log\left(\frac{m(1-y)^2}{1{,}8 \cdot (ym+3)}\right).
\end{aligned}$$

Mit

$$C'(m) := 1{,}9 + \sqrt{2{,}61 + \frac{5{,}4}{m}} > 1$$

ist $y - C'(m) \leq 0$ für alle $y \in \left[\frac{1}{m}, 1 - \frac{2}{m}\right]$. Es gilt:

$$\begin{aligned}
m(y - C(m))(y - C'(m)) &= m\left(y^2 - (C(m) + C'(m))y + C(m)C'(m)\right) \\
&= m\left(y^2 - 2 \cdot 1{,}9y + 1{,}9^2 - \left(2{,}61 + \frac{5{,}4}{m}\right)\right) \\
&= m\left(y^2 - 2y - 1{,}8y + 1 - \frac{5{,}4}{m}\right) \\
&= m(1-y)^2 - 1{,}8 \cdot (ym+3),
\end{aligned}$$

also ist für $y \in \left[\frac{1}{m}, 1 - \frac{2}{m}\right]$

$$\begin{aligned}
m(1-y)^2 - 1{,}8 \cdot (ym+3) &> 0 \quad \text{falls } y < C(m), \\
m(1-y)^2 - 1{,}8 \cdot (ym+3) &= 0 \quad \text{falls } y = C(m), \\
m(1-y)^2 - 1{,}8 \cdot (ym+3) &< 0 \quad \text{falls } y > C(m).
\end{aligned}$$

Daraus folgt sofort

$$h'(\rho(y)) > 0 \quad \text{falls } y < C(m),$$
$$h'(\rho(y)) = 0 \quad \text{falls } y = C(m),$$
$$h'(\rho(y)) < 0 \quad \text{falls } y > C(m).$$

Für $m \geq 3$ gilt:

$$C(m) = 1{,}9 - \sqrt{2{,}61 + \frac{5{,}4}{m}} \leq 1{,}9 - \sqrt{2{,}61} \leq \frac{1}{3} \leq 1 - \frac{2}{m},$$

und es gilt $C(9) < 1/9$, $C(10) > 1/10$. Da $C(m)$ eine streng monoton wachsende Folge ist, $1/m$ streng monoton fällt, gilt für $m \geq 10$ stets $C(m) \in [1/m, 1 - 2/m]$, für $m \leq 9$ gilt $C(m) \leq 1/m$. Wegen der Surjektivität und der strengen Isotonie von ρ hat dann h ein Maximum in $\rho(C(m)) = C(m)m/2 - 1/2$ falls $m \geq 10$, in 0, falls $m \leq 9$. □

Lemma 4.44 *Es gilt mit h wie in Definition 4.41: es existiert eine von m unabhängige Konstante C so, dass*

$$h(x) \leq C m^{-\frac{m+1}{2}} 1{,}56^m$$

für alle $x \in [0, (m-3)/2]$.

Beweis: Es folgt für $m \geq 10$, $x \in [0, (m-3)/2]$:

$$\begin{aligned}
h(x) &\leq \max_{x \in [0, \frac{m-3}{2}]} h(x) \\
&= h\left(\frac{C(m)m}{2} - \frac{1}{2}\right) \\
&= \frac{(0{,}9 \cdot e \cdot m)^{-\left(\frac{C(m)m}{4} - \frac{1}{4}\right)}}{\left(\frac{C(m)m}{2} - \frac{1}{2} + 2\right)^{\frac{C(m)m}{4} - \frac{1}{4} + 1} \left(\frac{m-1}{2} - \left(\frac{C(m)m}{2} - \frac{1}{2}\right)\right)^{\frac{m-1}{2} - \left(\frac{C(m)m}{2} - \frac{1}{2}\right)}} \\
&= \frac{(0{,}9 \cdot e \cdot m)^{-\frac{C(m)m}{4} + \frac{1}{4}}}{\left(\frac{C(m)m+3}{2}\right)^{\frac{C(m)m}{4} + \frac{3}{4}} \left(\frac{m - C(m)m}{2}\right)^{\frac{m - C(m)m}{2}}} \\
&= (0{,}9 \cdot e \cdot m)^{-\frac{C(m)m}{4} + \frac{1}{4}} \left(\frac{C(m)m+3}{2}\right)^{-\frac{C(m)m}{4} - \frac{3}{4}} \left(\frac{m - C(m)m}{2}\right)^{\frac{C(m)m - m}{2}} \\
&= (0{,}9 \cdot e)^{-\frac{C(m)m}{4} + \frac{1}{4}} m^{-\frac{C(m)m}{4} + \frac{1}{4} - \frac{m - C(m)m}{2}} 2^{\frac{C(m)m}{4} + \frac{3}{4} + \frac{m - C(m)m}{2}} \\
&\quad \cdot (C(m)m + 3)^{-\frac{C(m)m}{4} - \frac{3}{4}} (1 - C(m))^{-\frac{m - C(m)m}{2}}
\end{aligned}$$

$$
\begin{aligned}
&\leq Cm^{-\frac{m+1}{2}}(0,9\cdot e)^{-\frac{C(m)m}{4}}m^{\frac{C(m)m}{4}+\frac{3}{4}}2^{-\frac{C(m)m}{4}+\frac{m}{2}}\\
&\quad\cdot(C(m)m+3)^{-\frac{C(m)m}{4}-\frac{3}{4}}(1-C(m))^{-\frac{m}{2}+\frac{C(m)m}{2}}\\
&= Cm^{-\frac{m+1}{2}}2^{\frac{m}{2}}(0,9\cdot e)^{-\frac{C(m)m}{4}}2^{-\frac{C(m)m}{4}}(1-C(m))^{-\frac{m}{2}+\frac{C(m)m}{2}}\\
&\quad\cdot m^{\frac{C(m)m}{4}+\frac{3}{4}}\left(m+\frac{3}{C(m)}\right)^{-\frac{C(m)m}{4}-\frac{3}{4}}C(m)^{-\frac{C(m)m}{4}-\frac{3}{4}}.
\end{aligned}
$$

Da $m \geq 10$, ist $C(m) \geq C(10) > 0$ und damit $C(m)^{-3/4} \leq C(10)^{-3/4}$. Es folgt mit $C(m)m/(C(m)m+3) \leq 1$:

$$
\begin{aligned}
h(x) &\leq Cm^{-\frac{m+1}{2}}2^{\frac{m}{2}}(0,9\cdot e)^{-\frac{C(m)m}{4}}2^{-\frac{C(m)m}{4}}(1-C(m))^{-\frac{m}{2}+\frac{C(m)m}{2}}C(m)^{-\frac{C(m)m}{4}}\left(\frac{C(m)m}{C(m)m+3}\right)^{\frac{C(m)m}{4}+\frac{3}{4}}\\
&\leq Cm^{-\frac{m+1}{2}}2^{\frac{m}{2}}(0,9\cdot e)^{-\frac{C(m)m}{4}}2^{-\frac{C(m)m}{4}}(1-C(m))^{-\frac{m}{2}+\frac{C(m)m}{2}}C(m)^{-\frac{C(m)m}{4}}\\
&= Cm^{-\frac{m+1}{2}}2^{\frac{m}{2}}\left((2C(m)0,9\cdot e)^{-\frac{C(m)}{4}}(1-C(m))^{-\frac{1}{2}+\frac{C(m)}{2}}\right)^m.
\end{aligned}
$$

Nun soll der Faktor $(2C(m)0,9\cdot e)^{-C(m)/4}(1-C(m))^{-1/2+C(m)/2}$ näher betrachtet werden. Sei

$$l: (0,1] \to \mathbb{R}, \quad x \mapsto (1,8\cdot e\cdot x)^{-\frac{x}{4}} = \exp\left(-\frac{x}{4}\log(1,8\cdot e\cdot x)\right).$$

Dann ist

$$l'(x) = l(x)\left(-\frac{1}{4}\log(1,8\cdot e\cdot x) - \frac{x}{4}\cdot\frac{1}{x}\right) = \frac{1}{4}l(x)\left(-\log(1,8\cdot e\cdot x) - 1\right),$$

das heißt, es gilt für $x \geq \frac{1}{1,8}e^{-2}$:

$$l'(x) \leq \frac{1}{4}l(x)\left(-\log\left(1,8\cdot e\cdot\frac{1}{1,8}e^{-2}\right) - 1\right) = 0.$$

Also ist l auf $[1/(1,8\cdot e^2), 1]$ monoton fallend. Da die Folge $\{C(m)\}_{m\geq 10}$ monoton wachsend ist, ist die Folge $\{l(C(m))\}_{m\geq 10}$ monoton fallend. Sei nun $C' := 1,9 - \sqrt{2,61} = \lim_{m\to\infty}C(m)$. Wie man z.B. mit Maple überprüfen kann, gilt

$$l(C(300)) \leq 1{,}56\cdot 2^{-\frac{1}{2}}(1-C')^{\frac{1}{2}-\frac{C'}{2}},$$

und damit für alle $m \geq 300$:

$$(2C(m)0,9\cdot e)^{-\frac{C(m)}{4}} = l(C(m)) \leq 1{,}56\cdot 2^{-\frac{1}{2}}(1-C')^{\frac{1}{2}-\frac{C'}{2}}.$$

Weiter ist

$$1 \geq 1 \quad C(m) \geq 1 \quad C'$$

und
$$1-C' = -0{,}9 + \sqrt{2{,}61} > -0{,}9 + 1{,}5 > e^{-1}.$$

Es folgt
$$(1-C(m))^{-(1-C(m))} \leq (1-C')^{-(1-C')},$$

da $1-C' \geq 1/e$ und $x \mapsto x^{-x}$ auf $[1/e, 1]$ monoton fallend ist. Damit ist

$$(1-C(m))^{-\frac{1}{2}+\frac{C(m)}{2}} \leq (1-C')^{-\frac{1}{2}+\frac{C'}{2}}.$$

Insgesamt ist für $m \geq 300$

$$(2C(m)0{,}9 \cdot e)^{-\frac{C(m)}{4}}(1-C(m))^{-\frac{1}{2}+\frac{C(m)}{2}} \leq 1{,}56 \cdot 2^{-\frac{1}{2}}(1-C')^{\frac{1}{2}-\frac{C'}{2}}(1-C')^{-\frac{1}{2}+\frac{C'}{2}} \leq 1{,}56 \cdot 2^{-\frac{1}{2}}.$$

Es folgt für $m \geq 300$:
$$h(x) \leq Cm^{-\frac{m+1}{2}}1{,}56^m.$$

$\square$

Korollar 4.45 *Sei $m \in \mathbb{N}_{\geq 3}$, k, $s \in \mathbb{N}_0$ mit $k+s \leq (m-3)/2$. Dann existiert eine von m, k, s unabhängige Konstante C so, dass*

$$\gamma_{m,k,s} \leq C2^{\frac{m}{2}}m^{-2}(0{,}9 \cdot e \cdot m)^{\frac{m-1}{2}}1{,}56^m.$$

Beweis: Nach Lemma 4.42 und 4.44 gilt

$$\begin{aligned}\gamma_{m,k,s} &\leq C2^{\frac{m}{2}}m^{\frac{m-3}{2}}(0{,}9 \cdot e \cdot m)^{\frac{m-1}{2}} \max_{x \in [0, \frac{m-3}{2}]} h(x) \\ &\leq C2^{\frac{m}{2}}m^{\frac{m-3}{2}}(0{,}9 \cdot e \cdot m)^{\frac{m-1}{2}}m^{-\frac{m+1}{2}}1{,}56^m \\ &= C2^{\frac{m}{2}}m^{-2}(0{,}9 \cdot e \cdot m)^{\frac{m-1}{2}}1{,}56^m.\end{aligned}$$

$\square$

Satz 4.46 *Sei $\tau \in \{0,1\}$. Seien v, $m \in \mathbb{N}$, m ungerade so, dass im Fall $\tau = 1$ eine Heisenberg-Typ-Gruppe $\mathbb{H}_{n,m}$ mit $m \geq 3$ bzw. im Fall $\tau = 0$ eine Heisenberg-Typ-Gruppe $\mathbb{H}_{n+2,m-2}$ mit $m \geq 5$ existiert. Sei $\vartheta_\tau(v,m)$ zu $\tau \in \{0,1\}$ wie in Definition 4.4. Dann existiert eine von v, m, τ unabhängige Konstante C so, dass für alle $\vartheta \in (\vartheta_\tau(v,m), \pi/2)$ gilt:*

$$B_{v,m}(\vartheta) \leq C \cdot C(v,m)$$

und damit auch

$$|I_{\nu,m}^\tau(\vartheta)| \leq C \cdot C(\nu,m)$$

mit $C(\nu,m)$ wie in Satz 4.3.

Beweis: Nach Lemma 4.31, Bemerkung 4.37 und den Korollaren 4.40 sowie 4.45 gilt

$$\begin{aligned}
|I_{\nu,m}^\tau(\vartheta)| &\leq B_{\nu,m}(\vartheta) \\
&\leq \frac{C\Gamma(\frac{m-1}{2})\Gamma(\frac{\nu}{2})}{\Gamma(\nu+m+\frac{1}{2})} m^2 \max\{c_{\nu,m,k,s} | k+s \leq (m-3)/2\} \\
&\leq \frac{C\Gamma(\frac{m-1}{2})\Gamma(\frac{\nu}{2})}{\Gamma(\nu+m+\frac{1}{2})} m^2 \beta_{\nu,m} \max\{\gamma_{m,k,s} | k+s \leq (m-3)/2\} \\
&\leq \frac{C\Gamma(\frac{m-1}{2})\Gamma(\frac{\nu}{2})}{\Gamma(\nu+m+\frac{1}{2})} m^2 \beta_{\nu,m} 2^{\frac{m}{2}} m^{-2} (0,9 \cdot e \cdot m)^{\frac{m-1}{2}} 1,56^m \\
&= \frac{C\Gamma(\frac{m-1}{2})\Gamma(\frac{\nu}{2})}{\Gamma(\nu+m+\frac{1}{2})} \nu^{\frac{1}{2}} (\nu+m)^{\frac{\nu}{2}+\frac{m}{2}} (0,9 \cdot m)^{-\frac{m-3}{2}} e^{-\frac{\nu}{2}-m} 2^{\frac{\nu}{2}} 2^{\frac{m}{2}} (0,9 \cdot e \cdot m)^{\frac{m-1}{2}} 1,56^m \\
&= \frac{C\Gamma(\frac{m-1}{2})\Gamma(\frac{\nu}{2})}{\Gamma(\nu+m+\frac{1}{2})} \nu^{\frac{1}{2}} (\nu+m)^{\frac{\nu}{2}+\frac{m}{2}} m e^{-\frac{\nu}{2}-\frac{m}{2}} 2^{\frac{\nu}{2}+\frac{m}{2}} 1,56^m.
\end{aligned}$$

Da

$$\Gamma\left(\frac{m-1}{2}\right)\Gamma\left(\frac{\nu}{2}\right) \leq Ce^{-\frac{m-1}{2}-\frac{\nu}{2}} \left(\frac{m-1}{2}\right)^{\frac{m-2}{2}} \left(\frac{\nu}{2}\right)^{\frac{\nu-1}{2}} \leq Ce^{-\frac{m}{2}-\frac{\nu}{2}} 2^{-\frac{m}{2}-\frac{\nu}{2}} m^{\frac{m}{2}-1} \nu^{\frac{\nu}{2}-\frac{1}{2}},$$

folgt

$$\begin{aligned}
B_{\nu,m}(\vartheta) &\leq \frac{C}{\Gamma(\nu+m+\frac{1}{2})} e^{-\frac{m}{2}-\frac{\nu}{2}} 2^{-\frac{m}{2}-\frac{\nu}{2}} m^{\frac{m}{2}-1} \nu^{\frac{\nu}{2}-\frac{1}{2}} \nu^{\frac{1}{2}} (\nu+m)^{\frac{\nu}{2}+\frac{m}{2}} m e^{-\frac{\nu}{2}-\frac{m}{2}} 2^{\frac{\nu}{2}+\frac{m}{2}} 1,56^m \\
&\leq \frac{C}{\Gamma(\nu+m+\frac{1}{2})} \nu^{\frac{\nu}{2}} (\nu+m)^{\frac{\nu}{2}+\frac{m}{2}} m^{\frac{m}{2}} e^{-\nu-m} 1,56^m \\
&= \frac{C}{\Gamma(\nu+m+\frac{1}{2})} \nu^{\frac{\nu}{2}} (\nu+m)^{\frac{\nu}{2}+\frac{m}{2}} m^{\frac{m}{2}-1} e^{-\nu-m} m 1,56^m,
\end{aligned}$$

und da für $m \geq 1400$

$$m 1,56^m \leq e^{0,45m},$$

ist

$$B_{\nu,m}(\vartheta) \leq \frac{C}{\Gamma(\nu+m+\frac{1}{2})} \nu^{\frac{\nu}{2}} (\nu+m)^{\frac{\nu}{2}+\frac{m}{2}} m^{\frac{m}{2}-1} e^{-\nu-m+0,45m} = C \cdot C(\nu,m).$$

□

4.3.3.2 Der Fall m gerade ($m \geq 4$)

Nun soll der Fall m gerade, $m \geq 4$ behandelt werden. Zuerst wird hierbei wieder das Integral $I_{\nu,m}^\tau(\vartheta)$ durch die Dreiecksungleichung abgeschätzt.

Lemma 4.47 *Sei* $\tau \in \{0,1\}$. *Seien* $v, m \in \mathbb{N}_0$, m *gerade und* $m \geq 4$. *Dann gilt für alle* $\vartheta \in (0, \pi/2)$:

$$|I_{v,m}^\tau(\vartheta)| \leq C \sum_{k+s+l=\frac{m-4}{2}} a_{k,s,l}^{m-1} 2^{k+s} (\sin\vartheta)^s \left(I_{k+\frac{1}{2},s,l}^m + (\sin\vartheta)^{\frac{1}{2}} I_{k,s+\frac{1}{2},l}^m + I_{k,s,l+\frac{1}{2}}^m \right),$$

wobei $a_{k,s,l}^{m-1}$, $I_{k,s,l}^m$ *wie in Definition 4.30 und die Summe wieder über alle* $k, s, l \in \mathbb{N}_0$ *zu verstehen ist.*

Beweis: Da m gerade und $m \geq 4$, gilt $m-1$ ungerade und $m-1 \geq 3$. Es ist dann

$$(-2i\sinh(\lambda+i\vartheta)+t\cosh\lambda)^{\frac{m-3}{2}}$$
$$= (-2i\sinh(\lambda+i\vartheta)+t\cosh\lambda)^{\frac{m-4}{2}} (-2i\sinh(\lambda+i\vartheta)+t\cosh\lambda)^{\frac{1}{2}}$$
$$= \sum_{k+s+l=\frac{m-4}{2}} a_{k,s,l}^{m-1} (-2i\cos\vartheta\sinh\lambda)^k (2\sin\vartheta\cosh\lambda)^s (t\cosh\lambda)^l$$
$$\quad \cdot (-2i\sinh(\lambda+i\vartheta)+t\cosh\lambda)^{\frac{1}{2}}$$
$$= \sum_{k+s+l=\frac{m-4}{2}} a_{k,s,l}^{m-1} (-i)^k 2^{k+s} (\cos\vartheta)^k (\sinh\lambda)^k (\sin\vartheta)^s (\cosh\lambda)^{s+l} t^l$$
$$\quad \cdot (-2i\sinh(\lambda+i\vartheta)+t\cosh\lambda)^{\frac{1}{2}}.$$

Mit

$$|(-2i\sinh(\lambda+i\vartheta)+t\cosh\lambda)^{\frac{1}{2}}| = |-2i\cos\vartheta\sinh\lambda + 2\sin\vartheta\cosh\lambda + t\cosh\lambda|^{\frac{1}{2}}$$
$$\leq C((\cos\vartheta)^{\frac{1}{2}}(\sinh\lambda)^{\frac{1}{2}} + (\sin\vartheta)^{\frac{1}{2}}(\cosh\lambda)^{\frac{1}{2}} + t^{\frac{1}{2}}(\cosh\lambda)^{\frac{1}{2}})$$

folgt

$$|I_{v,m}^\tau(\vartheta)|$$
$$= \left| \sum_{k+s+l=\frac{m-4}{2}} a_{k,s,l}^{m-1} (-i)^k 2^{k+s} (\cos\vartheta)^k (\sin\vartheta)^s \right.$$
$$\quad \cdot \int_0^\infty \int_0^\infty \frac{t^{\frac{m-3}{2}+l}}{(1+t\sin\vartheta)^{v+m+\frac{1}{2}}} (-2i\sinh(\lambda+i\vartheta)+t\cosh\lambda)^{\frac{1}{2}} dt$$
$$\quad \left. \cdot (\sinh\lambda)^k (\cosh\lambda)^{s+l} \frac{(\cosh(\lambda+i\vartheta))^\tau \sinh(\lambda+i\vartheta) \left(\frac{\sinh(\lambda+i\vartheta)}{\lambda+i\vartheta} \right)^{\frac{1}{2}}}{(\cosh\lambda)^{v+\frac{m}{2}+1}} d\lambda \right|$$
$$\leq C \sum_{k+s+l=\frac{m-4}{2}} a_{k,s,l}^{m-1} 2^{k+s} (\cos\vartheta)^k (\sin\vartheta)^s \left((\cos\vartheta)^{\frac{1}{2}} I_{k+\frac{1}{2},s,l}^m + (\sin\vartheta)^{\frac{1}{2}} I_{k,s+\frac{1}{2},l}^m + I_{k,s,l+\frac{1}{2}}^m \right)$$
$$\leq C \sum_{k+s+l=\frac{m-4}{2}} a_{k,s,l}^{m-1} 2^{k+s} (\sin\vartheta)^s \left(I_{k+\frac{1}{2},s,l}^m + (\sin\vartheta)^{\frac{1}{2}} I_{k,s+\frac{1}{2},l}^m + I_{k,s,l+\frac{1}{2}}^m \right).$$

□

In obiger Summe gilt für die Indizes k, s, l: $k+s+l = (m-4)/2$. Die Abschätzung der Terme $I^m_{k+1/2,s,l}, I^m_{k,s+1/2,l}, I^m_{k,s,l+1/2}$ soll nun auf eine Abschätzung von Termen der Art $I^{m-1}_{k,s,l}$ reduziert werden. Gelingt eine Reduktion dieser Art, so kann die in Unterabschnitt 4.3.3.1 erhaltene Abschätzung von $B_{\nu,m}(\vartheta)$ benutzt werden um $|I^\tau_{\nu,m}(\vartheta)|$ zu majorisieren, da $k+s+l = ((m-1)-3)/2$ gilt und $m-1$ ungerade, $m-1 \geq 3$.

Lemma 4.48 *Sei $\tau \in \{0,1\}$. Seien ν, $m \in \mathbb{N}_0$ so, dass im Fall $\tau = 1$ eine Heisenberg-Typ-Gruppe $\mathbb{H}_{n,m}$ mit $m \geq 4$ bzw. im Fall $\tau = 0$ eine Heisenberg-Typ-Gruppe Gruppe $\mathbb{H}_{n+2,m-2}$ mit $m \geq 4$ existiert. Sei $\vartheta_\tau(\nu,m)$ wie in Definition 4.4. Dann existiert eine von ν, m, τ unabhängige Konstante C so, dass für alle $\vartheta \in (\vartheta_\tau(\nu,m), \pi/2)$, $k, s, l \in \mathbb{N}$ mit $k+s+l = (m-4)/2$ gilt:*

$$I^m_{k+\frac{1}{2},s,l} \leq C \left(\frac{m}{\nu}\right)^{\frac{1}{2}} I^{m-1}_{k,s,l},$$

$$(\sin\vartheta)^{\frac{1}{2}} I^m_{k,s+\frac{1}{2},l} \leq C \left(\frac{m}{\nu}\right)^{\frac{1}{2}} I^{m-1}_{k,s,l} \text{ und}$$

$$I^m_{k,s,l+\frac{1}{2}} \leq C \left(\frac{m}{\nu}\right)^{\frac{1}{2}} I^{m-1}_{k,s,l}.$$

Beweis: Es gilt mit Formel (4.18) auf Seite 82 für $k', s', l' \in \mathbb{R}_{\geq 0}$ mit $k'+s'+l' = (m-3)/2$:

$$I^m_{k',s',l'} = \frac{1}{2(\sin\vartheta)^{\frac{m-1}{2}+l'}} B\left(\frac{m-1}{2}+l', \nu + \frac{m}{2}+1-l'\right)$$
$$\cdot \left(\sin\vartheta B\left(\frac{\nu}{2}, \frac{k'+1}{2}\right) + \cos\vartheta B\left(\frac{\nu}{2}, \frac{k'+2}{2}\right)\right).$$

Es folgt, da $k+1/2+s+l = (m-3)/2$:

$$I^m_{k+\frac{1}{2},s,l} = \frac{1}{2(\sin\vartheta)^{\frac{m-1}{2}+l}} B\left(\frac{m-1}{2}+l, \nu + \frac{m}{2}+1-l\right)$$
$$\cdot \left(\sin\vartheta B\left(\frac{\nu}{2}, \frac{k+\frac{1}{2}+1}{2}\right) + \cos\vartheta B\left(\frac{\nu}{2}, \frac{k+\frac{1}{2}+2}{2}\right)\right)$$
$$= \frac{(\sin\vartheta)^{-\frac{1}{2}}}{2(\sin\vartheta)^{\frac{(m-1)-1}{2}+l}} B\left(\frac{(m-1)-1}{2}+l+\frac{1}{2}, \nu + \frac{m-1}{2}+\frac{1}{2}+1-l\right)$$
$$\cdot \left(\sin\vartheta B\left(\frac{\nu}{2}, \frac{k+1}{2}+\frac{1}{4}\right) + \cos\vartheta B\left(\frac{\nu}{2}, \frac{k+2}{2}+\frac{1}{4}\right)\right).$$

Mit Lemma A.8 können nun beide Einträge des Arguments der Beta-Funktion um $1/2$ reduziert werden, indem mit dem Faktor

$$C \frac{\left(\frac{(m-1)-1}{2}+l\right)^{\frac{1}{2}} \left(\nu + \frac{m-1}{2}+1-l\right)^{\frac{1}{2}}}{\nu \mid m \quad \frac{1}{2}}$$

multipliziert wird. Dieser kann nach oben gegen $(m/v)^{1/2}$ abgeschätzt werden. Es gilt nämlich:

$$\frac{\left(\frac{(m-1)-1}{2}+l\right)^{\frac{1}{2}}\left(v+\frac{m-1}{2}+1-l\right)^{\frac{1}{2}}}{v+m-\frac{1}{2}} \leq \frac{\left(\frac{(m-1)-1}{2}+\frac{m-4}{2}\right)^{\frac{1}{2}}\left(v+\frac{m-1}{2}+1\right)^{\frac{1}{2}}}{v+m-\frac{1}{2}}$$
$$\leq \frac{m^{\frac{1}{2}}(v+m-\frac{1}{2})^{\frac{1}{2}}}{v+m-\frac{1}{2}}$$
$$\leq \left(\frac{m}{v}\right)^{\frac{1}{2}}.$$

Damit ist also

$$B\left(\frac{(m-1)-1}{2}+l+\frac{1}{2},v+\frac{m-1}{2}+\frac{1}{2}+1-l\right)$$
$$\leq C\left(\frac{m}{v}\right)^{\frac{1}{2}} B\left(\frac{(m-1)-1}{2}+l,v+\frac{m-1}{2}+1-l\right). \quad (4.20)$$

Mit Lemma A.8 gilt dann auch

$$B\left(\frac{v}{2},\frac{k+1}{2}+\frac{1}{4}\right) \leq C\left(\frac{\frac{k+1}{2}}{\frac{v}{2}+\frac{k+1}{2}}\right)^{\frac{1}{4}} B\left(\frac{v}{2},\frac{k+1}{2}\right) \leq C\left(\frac{m}{v}\right)^{\frac{1}{4}} B\left(\frac{v}{2},\frac{k+1}{2}\right)$$

sowie

$$B\left(\frac{v}{2},\frac{k+2}{2}+\frac{1}{4}\right) \leq C\left(\frac{m}{v}\right)^{\frac{1}{4}} B\left(\frac{v}{2},\frac{k+2}{2}\right).$$

Daraus folgt

$$I^m_{k+\frac{1}{2},s,l} \leq C\frac{2(\sin\vartheta)^{-\frac{1}{2}}}{(\sin\vartheta)^{\frac{(m-1)-1}{2}+l}}\left(\frac{m}{v}\right)^{\frac{1}{2}} B\left(\frac{(m-1)-1}{2}+l,v+\frac{m-1}{2}+1-l\right)$$
$$\cdot \left(\left(\frac{m}{v}\right)^{\frac{1}{4}}\sin\vartheta B\left(\frac{v}{2},\frac{k+1}{2}\right)+\left(\frac{m}{v}\right)^{\frac{1}{4}}\cos\vartheta B\left(\frac{v}{2},\frac{k+2}{2}\right)\right)$$
$$\leq C(\sin\vartheta)^{-\frac{1}{2}}\left(\frac{m}{v}\right)^{\frac{1}{2}}\left(\frac{m}{v}\right)^{\frac{1}{4}} I^{m-1}_{k,s,l}$$
$$\leq C\left(\frac{m}{v}\right)^{\frac{1}{2}} I^{m-1}_{k,s,l},$$

da $\sin\vartheta \geq \sin\vartheta_\tau(v,m) \geq C \cdot (m/v)^{1/2}$ (falls $\tau = 0$ und $m = 4$ folgt dies sofort aus Lemma A.9, in allen anderen Fällen siehe Lemma 4.34). Für $(\sin\vartheta)^{\frac{1}{2}} I^m_{k,s+1/2,l}$ gilt mit Ungleichung (4.20):

$$(\sin\vartheta)^{\frac{1}{2}} I^m_{k,s+\frac{1}{2},l} = \frac{(\sin\vartheta)^{\frac{1}{2}}}{2(\sin\vartheta)^{\frac{m-1}{2}+l}} B\left(\frac{(m-1)-1}{2}+\frac{1}{2}+l,v+\frac{m-1}{2}+\frac{1}{2}+1-l\right)$$
$$\cdot \left(\sin\vartheta B\left(\frac{v}{2},\frac{k+1}{2}\right)+\cos\vartheta B\left(\frac{v}{2},\frac{k+2}{2}\right)\right)$$
$$\leq \frac{C}{2(\sin\vartheta)^{\frac{(m-1)-1}{2}+l}}\left(\frac{m}{v}\right)^{\frac{1}{2}} B\left(\frac{(m-1)-1}{2}+l,v+\frac{m-1}{2}+1-l\right)$$
$$\cdot \left(\sin\vartheta B\left(\frac{v}{2},\frac{k+1}{2}\right)+\cos\vartheta B\left(\frac{v}{2},\frac{k+2}{2}\right)\right)$$
$$= C\left(\frac{m}{v}\right)^{\frac{1}{2}} I^{m-1}_{k,s,l}.$$

Für $I^m_{k,s,l+\frac{1}{2}}$ gilt wieder mit Lemma A.8 und mit $1/\sin\vartheta \leq C \cdot (v/m)^{1/2}$:

$$\frac{1}{\sin\vartheta} B\left(\frac{m-1}{2}+l+\frac{1}{2}, v+\frac{m}{2}+1-l-\frac{1}{2}\right)$$

$$= \frac{1}{\sin\vartheta} B\left(\frac{(m-1)-1}{2}+l+1, v+\frac{m-1}{2}+1-l\right)$$

$$\leq C\left(\frac{v}{m}\right)^{\frac{1}{2}} \left(\frac{\frac{m-2}{2}+l}{v+m-\frac{1}{2}}\right) B\left(\frac{(m-1)-1}{2}+l, v+\frac{m-1}{2}+1-l\right)$$

$$\leq C\left(\frac{m}{v}\right)^{\frac{1}{2}} B\left(\frac{(m-1)-1}{2}+l, v+\frac{m-1}{2}+1-l\right),$$

woraus sofort folgt

$$I^m_{k,s,l+\frac{1}{2}} = \frac{1}{2(\sin\vartheta)^{\frac{(m-1)-1}{2}+l+1}} B\left(\frac{m-1}{2}+l+\frac{1}{2}, v+\frac{m}{2}+1-l-\frac{1}{2}\right)$$

$$\cdot \left(\sin\vartheta B\left(\frac{v}{2}, \frac{k+1}{2}\right) + \cos\vartheta B\left(\frac{v}{2}, \frac{k+2}{2}\right)\right)$$

$$\leq \frac{C}{2(\sin\vartheta)^{\frac{(m-1)-1}{2}+l}} \left(\frac{m}{v}\right)^{\frac{1}{2}} B\left(\frac{(m-1)-1}{2}+l, v+\frac{m-1}{2}+1-l\right)$$

$$\cdot \left(\sin\vartheta B\left(\frac{v}{2}, \frac{k+1}{2}\right) + \cos\vartheta B\left(\frac{v}{2}, \frac{k+2}{2}\right)\right)$$

$$= C\left(\frac{m}{v}\right)^{\frac{1}{2}} I^{m-1}_{k,s,l}.$$

$\square$

Insgesamt gilt also im Fall m gerade, $m \geq 4$ der folgende Satz:

Satz 4.49 *Sei $\tau \in \{0,1\}$. Seien $v, m \in \mathbb{N}_0$ so, dass $2|m$ und im Fall $\tau = 1$ eine Heisenberg-Typ-Gruppe $\mathbb{H}_{n,m}$ mit $m \geq 4$ bzw. im Fall $\tau = 0$ eine Heisenberg-Typ-Gruppe $\mathbb{H}_{n+2,m-2}$ mit $m \geq 6$ existiert. Sei $\vartheta_\tau(v,m)$ wie in Definition 4.4. Dann existiert eine von v, m, τ unabhängige Konstante C so, dass für alle $\vartheta \in (\vartheta_\tau(v,m), \pi/2)$ gilt:*

$$|I^\tau_{v,m}(\vartheta)| \leq C \cdot C(v,m).$$

Beweis: Mit Lemma 4.47 und Lemma 4.48 ist

$$|I^\tau_{v,m}(\vartheta)| \leq C \sum_{k+s+l=\frac{m-4}{2}} a^{m-1}_{k,s,l} 2^{k+s} (\sin\vartheta)^s \left(I^m_{k+\frac{1}{2},s,l} + (\sin\vartheta)^{\frac{1}{2}} I^m_{k,s+\frac{1}{2},l} + I^m_{k,s,l+\frac{1}{2}}\right)$$

$$\leq C \sum_{k+s+l=\frac{(m-1)-3}{2}} a^{m-1}_{k,s,l} 2^{k+s} (\sin\vartheta)^s \left(\frac{m}{v}\right)^{\frac{1}{2}} I^{m-1}_{k,s,l}$$

$$= C\left(\frac{m}{v}\right)^{\frac{1}{2}} B_{v,m-1}(\vartheta).$$

Mit dem Satz von Kaplan, der besagt, dass eine Heisenberg-Typ-Gruppe $\mathbb{H}_{n,m}$ genau dann existiert, wenn $m < 8p + 2^q$, wobei $n = 2^{4p+q} \cdot \tilde{n}$, $\tilde{n} \in \mathbb{N}$ ungerade (siehe [K]), bedingt die Voraussetzung im Fall $\tau = 1$ die Existenz einer Heisenberg-Typ-Gruppe $\mathbb{H}_{n,m-1}$ mit $m - 1 \geq 3$ sowie im Fall $\tau = 0$ die Existenz einer Heisenberg-Typ-Gruppe $\mathbb{H}_{n+2,(m-1)-2}$ mit $m - 1 \geq 5$. Es lässt sich also auf $B_{\nu,m-1}(\vartheta)$ die in Satz 4.46 erhaltene Abschätzung durch $C \cdot C(\nu, m-1)$ anwenden. Es folgt:

$$
\begin{aligned}
&|I_{\nu,m}^\tau(\vartheta)| \\
&\leq C \left(\frac{m}{\nu}\right)^{\frac{1}{2}} C(\nu, m-1) \\
&= C \left(\frac{m}{\nu}\right)^{\frac{1}{2}} \frac{1}{\Gamma(\nu + (m-1) + \frac{1}{2})} \nu^{\frac{\nu}{2}} (\nu + (m-1))^{\frac{\nu}{2} + \frac{m-1}{2}} (m-1)^{\frac{m-1}{2}-1} e^{-\nu-(m-1)+0{,}45(m-1)} \\
&\leq C \frac{1}{\Gamma(\nu + m - \frac{1}{2})} \nu^{\frac{\nu}{2} - \frac{1}{2}} (\nu + m)^{\frac{\nu}{2} + \frac{m-1}{2}} m^{\frac{m}{2} - 1} e^{-\nu - m + 0{,}45m} \\
&= C \frac{1}{(\nu + m)\Gamma(\nu + m - \frac{1}{2})} \left(\frac{\nu + m}{\nu}\right)^{\frac{1}{2}} \nu^{\frac{\nu}{2}} (\nu + m)^{\frac{\nu}{2} + \frac{m}{2}} m^{\frac{m}{2} - 1} e^{-\nu - m + 0{,}45m} \\
&\leq C \frac{1}{(\nu + m - \frac{1}{2})\Gamma(\nu + m - \frac{1}{2})} \nu^{\frac{\nu}{2}} (\nu + m)^{\frac{\nu}{2} + \frac{m}{2}} m^{\frac{m}{2} - 1} e^{-\nu - m + 0{,}45m} \\
&= C \frac{1}{\Gamma(\nu + m + \frac{1}{2})} \nu^{\frac{\nu}{2}} (\nu + m)^{\frac{\nu}{2} + \frac{m}{2}} m^{\frac{m}{2} - 1} e^{-\nu - m + 0{,}45m} \\
&= C \cdot C(\nu, m).
\end{aligned}
$$

$\square$

Korollar 4.50 *Seien $\nu, m \in \mathbb{N}_0$, $m \geq 3$ so, dass eine Heisenberg-Typ-Gruppe $\mathbb{H}_{n,m}$ existiert. Dann existiert eine von ν, m unabhängige Konstante C so, dass für alle $\vartheta \in ((0{,}9 \cdot m/\nu)^{1/2}, \pi/2)$ gilt:*

$$e_{\nu,m} \sin \vartheta |I_{\nu-1,m+2}^0(\vartheta)| \leq C \cdot C(\nu, m).$$

Beweis: Sei $\tilde{\nu} := \nu - 1$, $\tilde{n} := 2\tilde{\nu}$, $\tilde{m} := m + 2$. Benötigt wird also eine Abschätzung für $|I_{\tilde{\nu},\tilde{m}}^0(\vartheta)|$. Mit Lemma 2.22 folgt aus $m \geq 3$, dass $2\nu \geq 4$ und damit $\tilde{\nu} \in \mathbb{N}$ ist. Nach Voraussetzung existiert zudem eine Heisenberg-Typ-Gruppe $\mathbb{H}_{n,m} = \mathbb{H}_{\tilde{n}+2,\tilde{m}-2}$. Da $m \geq 3$ ist $\tilde{m} \geq 5$. Die Sätze 4.46 und 4.49 sind damit auf $|I_{\tilde{\nu},\tilde{m}}^0(\vartheta)|$ für $\vartheta > \sqrt{0{,}9 \cdot (\tilde{m}-2)/(\tilde{\nu}+1)} = \sqrt{0{,}9 \cdot m/\nu}$ anwendbar, so dass $|I_{\tilde{\nu},\tilde{m}}^0(\vartheta)| \leq C \cdot C(\tilde{\nu}, \tilde{m}) = C \cdot C(\nu - 1, m + 2)$. Mit $e_{\nu,m} = (\nu + m + 1/2)/(m-1)$ folgt

$$
\begin{aligned}
&e_{\nu,m} \sin \vartheta |I_{\nu-1,m+2}^0(\vartheta)| \\
&\leq C \frac{\nu + m + \frac{1}{2}}{m - 1} C(\nu - 1, m + 2) \\
&= \frac{\nu + m + \frac{1}{2}}{m - 1} \frac{C}{\Gamma((\nu - 1) + (m + 2) + \frac{1}{2})} \\
&\quad \cdot (\nu - 1)^{\frac{\nu - 1}{2}} ((\nu - 1) + (m + 2))^{\frac{\nu - 1}{2} + \frac{m + 2}{2}} (m + 2)^{\frac{m+2}{2} - 1} e^{-(\nu - 1) - (m + 2) + 0{,}45m}
\end{aligned}
$$

$$
\begin{aligned}
&= \frac{\nu+m+\frac{1}{2}}{m-1} \frac{C}{\Gamma(\nu+m+1+\frac{1}{2})} (\nu-1)^{\frac{\nu-1}{2}} (\nu+m+1)^{\frac{\nu}{2}+\frac{m}{2}+\frac{1}{2}} (m+2)^{\frac{m}{2}} e^{-\nu-m-1+0{,}45m} \\
&= \frac{1}{m-1} \frac{C}{\Gamma(\nu+m+\frac{1}{2})} \cdot (\nu-1)^{\frac{\nu}{2}} (\nu-1)^{-\frac{1}{2}} \left(\frac{\nu+m+1}{\nu+m}\right)^{\frac{\nu}{2}+\frac{m}{2}} (\nu+m+1)^{\frac{1}{2}} \\
&\quad \cdot (\nu+m)^{\frac{\nu}{2}+\frac{m}{2}} \left(\frac{m+2}{m}\right)^{\frac{m}{2}-1} (m+2) m^{\frac{m}{2}-1} e^{-\nu-m-1+0{,}45m} \\
&\leq \frac{m+2}{m-1} \frac{C}{\Gamma(\nu+m+\frac{1}{2})} \nu^{\frac{\nu}{2}} \left(1+\frac{1}{\nu+m}\right)^{\frac{\nu}{2}+\frac{m}{2}} \left(\frac{\nu+m+1}{\nu-1}\right)^{\frac{1}{2}} \\
&\quad \cdot (\nu+m)^{\frac{\nu}{2}+\frac{m}{2}} \left(1+\frac{2}{m}\right)^{\frac{m}{2}-1} m^{\frac{m}{2}-1} e^{-\nu-m-1+0{,}45m} \\
&\leq C' \frac{1}{\Gamma(\nu+m+\frac{1}{2})} \nu^{\frac{\nu}{2}} (\nu+m)^{\frac{\nu}{2}+\frac{m}{2}} \left(1+\frac{2}{m}\right)^{\frac{m}{2}} m^{\frac{m}{2}-1} e^{-\nu-m+0{,}45m} \\
&\leq C'' \frac{1}{\Gamma(\nu+m+\frac{1}{2})} \nu^{\frac{\nu}{2}} (\nu+m)^{\frac{\nu}{2}+\frac{m}{2}} m^{\frac{m}{2}-1} e^{-\nu-m+0{,}45m} \\
&= C'' \cdot C(\nu,m).
\end{aligned}
$$

□

4.3.3.3 Der Fall $m = 2$

Für den Fall einer Heisenberg-Typ-Gruppe mit zweidimensionalem Zentrum liefern die folgenden beiden Lemmata die benötigten Abschätzungen von $|I^1_{\nu,2}(\vartheta)|$ bzw. $e_{\nu,m} \sin\vartheta |I^0_{\nu-1,4}(\vartheta)|$.

Lemma 4.51 *Sei $m = 2$, $\nu \in \mathbb{N}$. Dann existiert eine von ν unabhängige Konstante C so, dass für alle $\vartheta \in ((0{,}9 \cdot m/\nu)^{1/2}, \pi/2)$ gilt:*

$$|I^1_{\nu,2}(\vartheta)| \leq C \cdot C(\nu,2).$$

Beweis: Es ist folgendes Integral abzuschätzen:

$$
I^1_{\nu,2}(\vartheta)
= \int_0^\infty \int_0^\infty \frac{t^{-\frac{1}{2}}(-2i\sinh(\lambda+i\vartheta)+t\cosh\lambda)^{-\frac{1}{2}}}{(1+t\sin\vartheta)^{\nu+2+\frac{1}{2}}} dt \, \frac{\cosh(\lambda+i\vartheta)\sinh(\lambda+i\vartheta) \left(\frac{\sinh(\lambda+i\vartheta)}{\lambda+i\vartheta}\right)^{\frac{1}{2}}}{(\cosh\lambda)^{\nu+2}} d\lambda.
$$

Da

$$
\begin{aligned}
|-2i\sinh(\lambda+i\vartheta)+t\cosh\lambda| &= |-2i(\cos\vartheta\sinh\lambda + i\sin\vartheta\cosh\lambda) + t\cosh\lambda| \\
&= |2\sin\vartheta\cosh\lambda + t\cosh\lambda - 2i\cos\vartheta\sinh\lambda| \\
&\geq 2\sin\vartheta\cosh\lambda,
\end{aligned}
$$

folgt
$$|-2i\sinh(\lambda+i\vartheta)+t\cosh\lambda|^{-\frac{1}{2}} \leq 2^{-\frac{1}{2}}(\sin\vartheta)^{-\frac{1}{2}}(\cosh\lambda)^{-\frac{1}{2}}$$

und damit

$$\begin{aligned}
|I^1_{\nu,2}(\vartheta)| &\leq \int_0^\infty \int_0^\infty \frac{t^{-\frac{1}{2}}|-2i\sinh(\lambda+i\vartheta)+t\cosh\lambda|^{-\frac{1}{2}}}{(1+t\sin\vartheta)^{\nu+2+\frac{1}{2}}}dt \\
&\qquad \cdot \frac{|\cosh(\lambda+i\vartheta)||\sinh(\lambda+i\vartheta)|\left|\frac{\sinh(\lambda+i\vartheta)}{\lambda+i\vartheta}\right|^{\frac{1}{2}}}{(\cosh\lambda)^{\nu+2}}d\lambda \\
&\leq C(\sin\vartheta)^{-\frac{1}{2}}\int_0^\infty \int_0^\infty \frac{t^{-\frac{1}{2}}(\cosh\lambda)^{-\frac{1}{2}}}{(1+t\sin\vartheta)^{\nu+2+\frac{1}{2}}}dt \\
&\qquad \cdot \frac{\cosh\lambda(\cos\vartheta\sinh\lambda+\sin\vartheta\cosh\lambda)(\cosh\lambda)^{\frac{1}{2}}}{(\cosh\lambda)^{\nu+2}}d\lambda \\
&= C(\sin\vartheta)^{-\frac{1}{2}}\int_0^\infty \frac{t^{-\frac{1}{2}}}{(1+t\sin\vartheta)^{\nu+2+\frac{1}{2}}}dt \\
&\qquad \cdot \left(\cos\vartheta\int_0^\infty \frac{\sinh\lambda}{(\cosh\lambda)^{\nu+1}}d\lambda+\sin\vartheta\int_0^\infty \frac{1}{(\cosh\lambda)^\nu}d\lambda\right).
\end{aligned}$$

Mit Lemma A.4 folgt für das t-Integral:

$$\begin{aligned}
\int_0^\infty \frac{t^{-\frac{1}{2}}}{(1+t\sin\vartheta)^{\nu+2+\frac{1}{2}}}dt &= \frac{1}{(\sin\vartheta)^{-\frac{1}{2}+1}}B\left(\frac{1}{2},\nu+2+\frac{1}{2}-\left(-\frac{1}{2}\right)-1\right). \\
&= (\sin\vartheta)^{-\frac{1}{2}}B\left(\frac{1}{2},\nu+2\right)
\end{aligned}$$

Für die Integrale über die hyperbolische Funktionen ergibt sich mit Lemma A.2:

$$\int_0^\infty \frac{\sinh\lambda}{(\cosh\lambda)^{\nu+1}}d\lambda = \frac{1}{2}B\left(1,\frac{\nu}{2}\right)$$

und

$$\int_0^\infty \frac{1}{(\cosh\lambda)^\nu}d\lambda = \frac{1}{2}B\left(\frac{1}{2},\frac{\nu}{2}\right).$$

Zusammen ergibt sich

$$\begin{aligned}
|I^1_{\nu,2}(\vartheta)| &\leq C(\sin\vartheta)^{-1}B\left(\frac{1}{2},\nu+2\right)\left(\cos\vartheta\frac{1}{2}B\left(1,\frac{\nu}{2}\right)+\sin\vartheta\frac{1}{2}B\left(\frac{1}{2},\frac{\nu}{2}\right)\right) \\
&= \frac{C\Gamma\left(\frac{1}{2}\right)\Gamma(\nu+2)}{2\Gamma\left(\nu+2+\frac{1}{2}\right)}\Gamma\left(\frac{\nu}{2}\right)\left(\frac{\cos\vartheta\Gamma(1)}{\sin\vartheta\Gamma\left(\frac{\nu+2}{2}\right)}+\frac{\Gamma\left(\frac{1}{2}\right)}{\Gamma\left(\frac{\nu+1}{2}\right)}\right) \\
&\leq \frac{C\Gamma(\nu+2)}{\Gamma\left(\nu+2+\frac{1}{2}\right)}\Gamma\left(\frac{\nu}{2}\right)\left(\frac{1}{\sin\vartheta\Gamma\left(\frac{\nu+2}{2}\right)}+\frac{1}{\Gamma\left(\frac{\nu+1}{2}\right)}\right).
\end{aligned}$$

Es gilt

$$\Gamma\left(\frac{\nu+2}{2}\right) \geq C\left(\frac{\nu}{2}\right)\Gamma\left(\frac{\nu}{2}\right) = \nu\Gamma\left(\frac{\nu}{2}\right),$$

und mit Lemma A.8 ist

$$\Gamma\left(\frac{\nu+1}{2}\right) \geq C\left(\frac{\nu}{2}\right)^{\frac{1}{2}}\Gamma\left(\frac{\nu}{2}\right) \geq C\nu^{\frac{1}{2}}\Gamma\left(\frac{\nu}{2}\right).$$

Es folgt

$$|I^1_{\nu,2}(\vartheta)| \leq \frac{C\Gamma(\nu+2)}{\Gamma\left(\nu+2+\frac{1}{2}\right)}\frac{1}{\nu^{\frac{1}{2}}}\left(\frac{1}{\sin\vartheta\,\nu^{\frac{1}{2}}}+1\right).$$

Wir betrachten nun den Ausdruck $1/(\sin\vartheta\,\nu^{\frac{1}{2}})$. Es ist mit Lemma A.9:

$$\frac{1}{\sin\vartheta\,\nu^{\frac{1}{2}}} \leq \frac{1}{\sin\vartheta_1(\nu,m)\nu^{\frac{1}{2}}} \leq \frac{1}{\vartheta_1(\nu,m)\nu^{\frac{1}{2}}}e^{\frac{(\vartheta_1(\nu,m))^2}{5}} = \frac{\nu^{\frac{1}{2}}}{(0,9\cdot 2)^{\frac{1}{2}}\nu^{\frac{1}{2}}}e^{\frac{0,9\cdot 2}{5\nu}} \leq C,$$

und damit ist

$$|I^1_{\nu,2}(\vartheta)| \leq \frac{C\Gamma(\nu+2)}{\Gamma\left(\nu+2+\frac{1}{2}\right)}\frac{1}{\nu^{\frac{1}{2}}}.$$

Mit der Stirlingschen Formel A.8 ergibt sich

$$\begin{aligned}|I^1_{\nu,2}(\vartheta)| &\leq \frac{C}{\Gamma\left(\nu+2+\frac{1}{2}\right)}e^{-\nu-2}(\nu+2)^{\nu+\frac{3}{2}}\nu^{-\frac{1}{2}}\\ &= \frac{C}{\Gamma\left(\nu+2+\frac{1}{2}\right)}(\nu+2)^{\frac{\nu}{2}+1}\left(\frac{\nu+2}{\nu}\right)^{\frac{1}{2}}\left(\frac{\nu+2}{\nu}\right)^{\frac{\nu}{2}}\nu^{\frac{\nu}{2}}e^{-\nu-2}\\ &\leq \frac{C}{\Gamma\left(\nu+2+\frac{1}{2}\right)}(\nu+2)^{\frac{\nu}{2}+1}\left(\left(1+\frac{2}{\nu}\right)^{\nu}\right)^{\frac{1}{2}}\nu^{\frac{\nu}{2}}e^{-\nu-2},\end{aligned}$$

und mit Lemma A.1 lässt sich $\left(1+\frac{2}{\nu}\right)^{\nu}$ nach oben gegen e^2 abschätzen. Es folgt:

$$|I^1_{\nu,2}(\vartheta)| \leq C\cdot C(\nu,2).$$

□

Lemma 4.52 *Sei $m=2$, $\nu \in \mathbb{N}$. Dann existiert eine von ν unabhängige Konstante C so, dass für alle $\vartheta \in ((0,9\cdot m/\nu)^{1/2}, \pi/2)$ gilt:*

$$e_{\nu,m}\sin\vartheta\,|I^0_{\nu-1,4}(\vartheta)| \leq C\cdot C(\nu,2).$$

Beweis: Nach Lemma 4.47 gilt:

$$|I^0_{\nu-1,4}(\vartheta)| \leq C\left(I^4_{\frac{1}{2},0,0}+(\sin\vartheta)^{\frac{1}{2}}I^4_{0,\frac{1}{2},0}+I^4_{0,0,\frac{1}{2}}\right).$$

Lemma 4.48 besagt, dass dieser Term gegen

$$C\left(\frac{1}{\nu-1}\right)^{\frac{1}{2}}I^3_{0,0,0}$$

abgeschätzt werden kann. Formel (4.18) liefert

$$I^3_{0,0,0} = \frac{1}{2(\sin\vartheta)} B\left(1, v+\frac{3}{2}\right) \left(\sin\vartheta B\left(\frac{v-1}{2}, \frac{1}{2}\right) + \cos\vartheta B\left(\frac{v-1}{2}, 1\right)\right).$$

Es folgt mit $e_{v,m} = v + 5/2$:

$$\begin{aligned}
& e_{v,m} \sin\vartheta |I^0_{v-1,4}(\vartheta)| \\
& \leq C'\left(v+\frac{5}{2}\right)\left(\frac{1}{v-1}\right)^{\frac{1}{2}} B\left(1, v+\frac{3}{2}\right) \left(\sin\vartheta B\left(\frac{v-1}{2}, \frac{1}{2}\right) + \cos\vartheta B\left(\frac{v-1}{2}, 1\right)\right) \\
& \leq C'' \frac{v^{\frac{1}{2}}}{\Gamma(v+\frac{5}{2})} \Gamma\left(v+\frac{3}{2}\right) \Gamma\left(\frac{v-1}{2}\right) \left(\frac{1}{\Gamma(\frac{v}{2})} + \frac{1}{\Gamma(\frac{v+1}{2})}\right) \\
& \leq C''' \frac{v^{\frac{1}{2}}}{\Gamma(v+\frac{5}{2})} \left(v+\frac{3}{2}\right)^{v+1} e^{-v} v^{-\frac{1}{2}} \\
& \leq C'''' \frac{1}{\Gamma(v+\frac{5}{2})} (v+2)^{\frac{v}{2}+1} v^{\frac{v}{2}} e^{-v} \\
& = C''''' \cdot C(v,2).
\end{aligned}$$

□

4.3.4 Die Terme $\|f^i_{v,m}(\kappa,\cdot)\|^q_{L^q(d\mu(\omega))}$

Lemma 4.53 *Sei $f^1_{v,m}(\kappa,\cdot)$ wie in Satz 3.15, $q \in (1,\infty)$, $d\mu(\omega)$ wie in Definition 2.19. Es existiert eine von n, m, κ unabhängige Konstante C_q so, dass*

$$\int_{S^{n,m}} |f^1_{v,m}(\kappa,\omega)|^q d\mu(\omega) \leq C_q D(v,m,q),$$

mit $D(v,m,q)$ wie in Satz 4.3.

Beweis: Mit $f^1_{v,m}(\kappa,\omega) = \sum_{i=1}^{2v} \kappa_i \omega^1_i$ und der Formel für das Oberflächenmaß $d\mu(\omega)$ aus Definition 2.19 ist

$$\begin{aligned}
& \int_{S^{n,m}} |f^1_{v,m}(\kappa,\omega)|^q d\mu(\omega) \\
& = \int_{S^{n,m}} \left|\sum_{i=1}^n \kappa_i \omega_i\right|^q d\mu(\omega) \\
& = 2^{2v} \int_{\Sigma^{n-1}} \int_{\Sigma^{m-1}} \int_0^{\frac{\pi}{2}} \left|\sum_{i=1}^n \kappa_i 2(\cos\vartheta)^{\frac{1}{2}} \eta^1_i\right|^q (\cos\vartheta)^{v-1} (\sin\vartheta)^{m-1} d\vartheta d\sigma_{m-1}(\eta^2) d\sigma_{n-1}(\eta^1) \\
& = 2^{2v+q} |\Sigma^{m-1}| \int_{\Sigma^{n-1}} |<\kappa, \eta^1>|^q d\sigma_{n-1}(\eta^1) \int_0^{\frac{\pi}{2}} (\cos\vartheta)^{v-1+\frac{q}{2}} (\sin\vartheta)^{m-1} d\vartheta. \quad (4.21)
\end{aligned}$$

Sei $T \in O(\mathbb{R}^n)$ eine Rotation mit $T\kappa = (1, 0, \ldots, 0)$. Da $d\sigma_{n-1}(\eta^1)$ rotationsinvariant ist, gilt

$$\begin{aligned}\int_{\Sigma^{n-1}} |<\kappa, \eta^1>|^q d\sigma_{n-1}(\eta^1) &= \int_{\Sigma^{n-1}} |<\kappa, T^t \eta^1>|^q d\sigma_{n-1}(\eta^1) \\ &= \int_{\Sigma^{n-1}} |<T\kappa, \eta^1>|^q d\sigma_{n-1}(\eta^1) \\ &= \int_{\Sigma^{n-1}} |\eta_1^1|^q d\sigma_{n-1}(\eta^1).\end{aligned}$$

Es folgt mit $\eta^1 = (\cos\varphi, t\sin\varphi)$, $t \in \Sigma^{n-2}$ und Lemma A.3:

$$\begin{aligned}\int_{\Sigma^{n-1}} |<\kappa, \eta^1>|^q d\sigma_{n-1}(\eta^1) &= \int_{\Sigma^{n-1}} |\eta_1^1|^q d\sigma_{n-1}(\eta^1) \\ &= 2 \int_{\Sigma^{n-2}} \int_0^{\frac{\pi}{2}} (\cos\varphi)^q (\sin\varphi)^{n-2} d\varphi dt \\ &= |\Sigma^{n-2}| B\left(\frac{q+1}{2}, \frac{n-1}{2}\right).\end{aligned} \qquad (4.22)$$

Außerdem gilt mit Lemma A.3:

$$\int_0^{\frac{\pi}{2}} (\cos\vartheta)^{\nu-1+\frac{q}{2}} (\sin\vartheta)^{m-1} d\vartheta = \frac{1}{2} B\left(\frac{\nu}{2} + \frac{q}{4}, \frac{m}{2}\right).$$

Es ergibt sich mit Gleichung (4.21):

$$\begin{aligned}&\int_{S^{n,m}} |f_{\nu,m}^1(\kappa, \omega)|^q d\mu(\omega) \\ &= 2^{2\nu+q-1} |\Sigma^{m-1}| |\Sigma^{n-2}| B\left(\frac{q+1}{2}, \frac{n-1}{2}\right) B\left(\frac{\nu}{2} + \frac{q}{4}, \frac{m}{2}\right).\end{aligned} \qquad (4.23)$$

In diesen Term wird nun die bekannte Formel für $|\Sigma^{k-1}|$,

$$|\Sigma^{k-1}| = 2 \frac{\pi^{\frac{k}{2}}}{\Gamma\left(\frac{k}{2}\right)}$$

eingesetzt. Um die Gamma-Terme abzuschätzen, wird die Stirlingsche Formel A.8 benutzt. Es gilt dann:

$$\begin{aligned}&\int_{S^{n,m}} |f_{\nu,m}^1(\kappa, \omega)|^q d\mu(\omega) \\ &= 2^{2\nu-1+q} |\Sigma^{m-1}| |\Sigma^{2\nu-2}| B\left(\frac{q+1}{2}, \frac{2\nu-1}{2}\right) B\left(\frac{\nu}{2} + \frac{q}{4}, \frac{m}{2}\right) \\ &= 2^{2\nu-1+q} \frac{2\pi^{\frac{m}{2}}}{\Gamma\left(\frac{m}{2}\right)} \frac{2\pi^{\frac{2\nu-1}{2}}}{\Gamma\left(\frac{2\nu-1}{2}\right)} \frac{\Gamma\left(\frac{q+1}{2}\right) \Gamma\left(\frac{2\nu-1}{2}\right)}{\Gamma\left(\frac{q}{2} + \nu\right)} \frac{\Gamma\left(\frac{\nu}{2} + \frac{q}{4}\right) \Gamma\left(\frac{m}{2}\right)}{\Gamma\left(\frac{\nu}{2} + \frac{m}{2} + \frac{q}{4}\right)} \\ &\leq C_q 2^{2\nu} \pi^{\nu + \frac{m}{2}} \frac{\Gamma\left(\frac{\nu}{2} + \frac{q}{4}\right)}{\Gamma\left(\nu + \frac{q}{2}\right) \Gamma\left(\frac{\nu}{2} + \frac{m}{2} + \frac{q}{4}\right)} \\ &\leq C_q 2^{2\nu} \pi^{\nu + \frac{m}{2}} e^{-\frac{\nu}{2} - \frac{q}{4}} \left(\frac{\nu}{2} + \frac{q}{4}\right)^{\frac{\nu}{2} + \frac{q}{4} - \frac{1}{2}} e^{\nu + \frac{q}{2}} \left(\nu + \frac{q}{2}\right)^{-(\nu + \frac{q}{2} - \frac{1}{2})} \\ &\quad \cdot e^{\frac{\nu}{2} + \frac{m}{2} + \frac{q}{4}} \left(\frac{\nu}{2} + \frac{m}{2} + \frac{q}{4}\right)^{-(\frac{\nu}{2} + \frac{m}{2} + \frac{q}{4} - \frac{1}{2})} \\ &\leq C_q 2^{2\nu - \frac{\nu}{2} + \frac{\nu}{2} + \frac{m}{2}} \pi^{\nu + \frac{m}{2}} e^{\nu + \frac{m}{2}} \left(\nu + \frac{q}{2}\right)^{\frac{\nu}{2} + \frac{q}{4} - \frac{1}{2}} \left(\nu + \frac{q}{2}\right)^{-(\nu + \frac{q}{2} - \frac{1}{2})} \left(\nu + m + \frac{q}{2}\right)^{-(\frac{\nu}{2} + \frac{m}{2} + \frac{q}{4} - \frac{1}{2})} \\ &= C_q 2^{2\nu + \frac{m}{2}} \pi^{\nu + \frac{m}{2}} e^{\nu + \frac{m}{2}} \left(\nu + \frac{q}{2}\right)^{-\frac{\nu}{2} - \frac{q}{4}} \left(\nu + m + \frac{q}{2}\right)^{-\frac{\nu}{2} - \frac{m}{2} - \frac{q}{4} + \frac{1}{2}},\end{aligned}$$

und da

$$\left(v+\frac{q}{2}\right)^{-\frac{v}{2}-\frac{q}{4}} = v^{-\frac{v}{2}-\frac{q}{4}}\left(\frac{v}{v+\frac{q}{2}}\right)^{\frac{v}{2}+\frac{q}{4}} = v^{-\frac{v}{2}-\frac{q}{4}}\left(\left(1-\frac{\frac{q}{2}}{v+\frac{q}{2}}\right)^{v+\frac{q}{2}}\right)^{\frac{1}{2}} \leq v^{-\frac{v}{2}-\frac{q}{4}}e^{-\frac{q}{4}},$$

ist

$$\int_{S^{n,m}} |f_1(\kappa,\omega)|^q d\mu(\omega) \leq C_q 2^{2v+\frac{m}{2}} \pi^{v+\frac{m}{2}} e^{v+\frac{m}{2}} v^{-\frac{v}{2}-\frac{q}{4}} \left(v+m+\frac{q}{2}\right)^{-\frac{v}{2}-\frac{m}{2}-\frac{q}{4}+\frac{1}{2}} = C_q D(v,m,q).$$

□

Lemma 4.54 *Sei $f^2_{v,m}(\kappa,\cdot)$ wie in Satz 3.15, $q \in (1,\infty)$, $d\mu(\omega)$ wie in Definition 2.19. Es existiert eine von n, m, κ unabhängige Konstante C_q so, dass*

$$\int_{S^{n,m}} \left|f^2_{v,m}(\kappa,\omega)\right|^q d\mu(\omega) \leq C_q D(v,m,q),$$

mit $D(v,m,q)$ wie in Satz 4.3.

Beweis: Es ist $f^2_{v,m}(\kappa,\omega) = \sum_{j,k} \frac{\omega^1_j \omega^2_k}{|\omega^2|} \left(\sum_{i=1}^n \kappa_i A^k_{ij}\right)$, und mit der Formel für $d\mu(\omega)$ aus Definition 2.19 ist

$$\int_{S^{n,m}} |f^2_{v,m}(\kappa,\omega)|^q d\mu(\omega)$$

$$= \int_{S^{n,m}} \left|\sum_{j,k} \frac{\omega^1_j \omega^2_k}{|\omega^2|} \left(\sum_{i=1}^n \kappa_i A^k_{ij}\right)\right|^q d\mu(\omega)$$

$$= 2^{2v} \int_{\Sigma^{n-1}} \int_{\Sigma^{m-1}} \int_0^{\frac{\pi}{2}} \left|\sum_{j,k} \frac{2(\cos\vartheta)^{\frac{1}{2}} \eta^1_j \sin\vartheta \eta^2_k}{|\sin\vartheta \eta^2|} \left(\sum_{i=1}^n \kappa_i A^k_{ij}\right)\right|^q$$
$$\cdot (\cos\vartheta)^{v-1}(\sin\vartheta)^{m-1} d\vartheta d\sigma_{m-1}(\eta^2) d\sigma_{n-1}(\eta^1)$$

$$= 2^{2v+q} \int_{\Sigma^{n-1}} \int_{\Sigma^{m-1}} \int_0^{\frac{\pi}{2}} \left|\sum_{j,k} \eta^1_j \eta^2_k \left(\sum_{i=1}^n \kappa_i A^k_{ij}\right)\right|^q$$
$$\cdot (\cos\vartheta)^{v-1+\frac{q}{2}}(\sin\vartheta)^{m-1} d\vartheta d\sigma_{m-1}(\eta^2) d\sigma_{n-1}(\eta^1)$$

$$= 2^{2v+q} \int_{\Sigma^{n-1}} \int_{\Sigma^{m-1}} \left|\sum_{j,k,i} \kappa_i A^k_{ij} \eta^1_j \eta^2_k\right|^q d\sigma_{m-1}(\eta^2) d\sigma_{n-1}(\eta^1)$$
$$\cdot \int_0^{\frac{\pi}{2}} (\cos\vartheta)^{v-1+\frac{q}{2}}(\sin\vartheta)^{m-1} d\vartheta.$$

Es gilt wie auch schon im vorangegangenen Lemma mit Lemma A.3, dass

$$\int_0^{\frac{\pi}{2}} (\cos\vartheta)^{v-1+\frac{q}{2}}(\sin\vartheta)^{m-1} d\vartheta = \frac{1}{2} B\left(\frac{v}{2}+\frac{q}{4}, \frac{m}{2}\right).$$

Nun soll das Doppelintegral über die euklidischen Sphären berechnet werden. Sei zu $\eta^2 \in \Sigma^{m-1}$, $(0,\eta^2) \in \mathbb{H}_{n,m}$ die Matrix $J_{(0,\eta^2)}$ wie in 2.2 (Seite 16). Dann gilt für alle $i,j \in \{1,\ldots,n\}$:

$$<J_{(0,\eta^2)}X_i, X_j> = <[X_i, X_j], (0,\eta^2)> = \sum_{k=1}^m \eta^2_k A^k_{ij},$$

also
$$\left(J^T_{(0,\eta^2)}\right)_{i,j} = \sum_{k=1}^{m} \eta_k^2 A_{ij}^k.$$

Weiter ist
$$\sum_{j,i} \kappa_i \eta_j^1 \left(\sum_{k=1}^{m} \eta_k^2 A_{ij}^k \right) = \sum_{j,i} \kappa_i \left(J^T_{(0,\eta^2)}\right)_{i,j} \eta_j^1 = <\kappa, J^T_{(0,\eta^2)} \eta^1>.$$

Nach Bemerkung 2.3 ist $J_{(0,\eta^2)}$ orthogonal, und damit ist $d\sigma_{n-1}(\eta^1)$ unter $J_{(0,\eta^2)}$ invariant. Es folgt

$$\int_{\Sigma^{n-1}} \int_{\Sigma^{m-1}} \left| \sum_{j,i} \kappa_i \eta_j^1 \left(\sum_{k=1}^{m} \eta_k^2 A_{ij}^k \right) \right|^q d\sigma_{m-1}(\eta^2) d\sigma_{n-1}(\eta^1)$$

$$= \int_{\Sigma^{n-1}} \int_{\Sigma^{m-1}} \left| <\kappa, J^T_{(0,\eta^2)} \eta^1> \right|^q d\sigma_{m-1}(\eta^2) d\sigma_{n-1}(\eta^1)$$

$$= \int_{\Sigma^{m-1}} \int_{\Sigma^{n-1}} \left| <\kappa, J^T_{(0,\eta^2)} \eta^1> \right|^q d\sigma_{n-1}(\eta^1) d\sigma_{m-1}(\eta^2)$$

$$= \int_{\Sigma^{m-1}} \int_{\Sigma^{n-1}} \left| <\kappa, \eta^1> \right|^q d\sigma_{n-1}(\eta^1) d\sigma_{m-1}(\eta^2)$$

$$= |\Sigma^{m-1}| \int_{\Sigma^{n-1}} \left| <\kappa, \eta^1> \right|^q d\sigma_{n-1}(\eta^1)$$

$$= |\Sigma^{m-1}||\Sigma^{n-2}| B\left(\frac{q+1}{2}, \frac{n-1}{2}\right),$$

wobei der letzte Schritt mit der Formel (4.22) aus dem vorangegangenen Lemma folgte. Insgesamt ist also

$$\int_{S^{n,m}} \left| \sum_{j,k} \frac{\omega_j^1 \omega_k^2}{|\omega^2|} \left(\sum_{i=1}^{n} \kappa_i A_{ij}^k \right) \right|^q d\mu(\omega) = 2^{2\nu-1+q} |\Sigma^{m-1}||\Sigma^{n-2}| B\left(\frac{q+1}{2}, \frac{n-1}{2}\right) B\left(\frac{\nu}{2} + \frac{q}{4}, \frac{m}{2}\right).$$

Dies ist aber der gleiche Ausdruck wie (4.23) in Lemma 4.53, und somit ist er auch durch $C_q \cdot D(\nu,m,q)$ beschränkt. □

Anhang A

Hier sollen einige weitestgehend wohlbekannte Resultate bereitgestellt werden, die in dieser Arbeit benutzt wurden.

A.1 Die e-Funktion und die Folge $\left(1+\frac{x}{n}\right)^n$

Das folgende Ergebnis ist natürlich wohlbekannt, allerdings in genau dieser Form in der Literatur schwer zu finden. Für ein ähnliches Resultat siehe z.B. [R].

Lemma A.1 *Sei $x \in \mathbb{R}$. Seien*

$$f_x : \mathbb{R}_{>0} \to \mathbb{R}, \quad y \mapsto \left(1+\frac{x}{y}\right)^y = e^{y \log\left(1+\frac{x}{y}\right)},$$

$$g_x : \mathbb{R}_{>0} \to \mathbb{R}, \quad y \mapsto \left(1+\frac{x}{y}\right)^{y+x} = e^{(y+x) \log\left(1+\frac{x}{y}\right)}.$$

Für $y > 0$ (im Fall $x \geq 0$) und $y > -x$ (im Fall $x < 0$) gilt:

$$f_x(y) = \left(1+\frac{x}{y}\right)^y \leq e^x \leq \left(1+\frac{x}{y}\right)^{y+x} = g_x(y)$$

und $\lim_{y \to \infty} f_x(y)$, $\lim_{y \to \infty} g_x(y)$ existieren mit

$$\lim_{y \to \infty} f_x(y) = e^x = \lim_{y \to \infty} g_x(y).$$

Beweis: Für $x = 0$ ist dies sofort klar.

Sei nun $x > 0$. Dann gilt offenbar

$$(f_x(y))^{\frac{1}{y}} = 1 + \frac{x}{y} < \sum_{k=0}^{\infty} \frac{x^k}{y^k k!} = e^{\frac{x}{y}},$$

also die linke Seite der Ungleichung. Da mit dem Hauptsatz der Differential- und Integralrechnung und der Monotonie der Ableitung des Logarithmus gilt:

$$\log\left(1+\frac{x}{y}\right) \geq \frac{1}{1+\frac{x}{y}} \cdot \frac{x}{y} = \frac{x}{y+x},$$

folgt
$$\left(1+\frac{x}{y}\right) \geq e^{\frac{x}{y+x}}$$
und damit
$$g_x(y) = \left(1+\frac{x}{y}\right)^{y+x} \geq e^x,$$
also die rechte Seite der Ungleichung. Außerdem gilt
$$f'_x(y) = f_x(y)\left(\log\left(1+\frac{x}{y}\right) + \frac{y}{1+\frac{x}{y}} \cdot \left(-\frac{x}{y^2}\right)\right) = f_x(y)\left(\log\left(1+\frac{x}{y}\right) - \frac{x}{y+x}\right) \geq 0,$$
also ist f_x monoton steigend. Damit existiert $\lim_{y\to\infty} f_x(y)$ für alle x und
$$\lim_{y\to\infty} f_x(y) \leq e^x.$$
Für g_x gilt:
$$g'_x(y) = g_x(y)\left(\log\left(1+\frac{x}{y}\right) + \frac{y+x}{1+\frac{x}{y}} \cdot \left(-\frac{x}{y^2}\right)\right) = g_x(y)\left(\log\left(1+\frac{x}{y}\right) - \frac{x}{y}\right),$$
und da
$$1+\frac{x}{y} \leq e^{\frac{x}{y}},$$
folgt mit der Monotonie des Logarithmus
$$\log\left(1+\frac{x}{y}\right) \leq \frac{x}{y},$$
und damit dann
$$g'_x(y) \leq 0.$$
Also ist g_x monoton fallend und beschränkt und damit auch konvergent. Da $g_x(y) \geq e^x$ für alle $y \geq 0$ gilt, ist dann
$$\lim_{y\to\infty} g_x(y) \geq e^x.$$
Da weiterhin
$$\frac{g_x(y)}{f_x(y)} = \frac{\left(1+\frac{x}{y}\right)^{y+x}}{\left(1+\frac{x}{y}\right)^y} = \left(1+\frac{x}{y}\right)^x$$
und damit
$$\lim_{y\to\infty} \frac{g_x(y)}{f_x(y)} = 1,$$
folgt somit für $x \geq 0$
$$\lim_{y\to\infty} f_x(y) = e^x = \lim_{y\to\infty} g_x(y).$$

Für $y > -x$, $x < 0$ folgt sofort durch Invertieren der obigen Ungleichungskette und mit $\tilde{y} := y+x > 0$:

$$\left(1 + \frac{-x}{\tilde{y}}\right)^{-\tilde{y}} \geq e^x \geq \left(1 + \frac{-x}{\tilde{y}}\right)^{-(\tilde{y}-x)},$$

und da

$$1 + \frac{-x}{\tilde{y}} = \frac{\tilde{y}-x}{\tilde{y}} = \frac{y}{y+x} = \left(\frac{y+x}{y}\right)^{-1} = \left(1 + \frac{x}{y}\right)^{-1},$$

$$\left(1 + \frac{-x}{\tilde{y}}\right)^{-\tilde{y}} = \left(1 + \frac{x}{y}\right)^{y+x},$$

$$\left(1 + \frac{-x}{\tilde{y}}\right)^{-(\tilde{y}-x)} = \left(1 + \frac{x}{y}\right)^{y},$$

ist dies äquivalent zu

$$\left(1 + \frac{x}{y}\right)^{y+x} \geq e^x \geq \left(1 + \frac{x}{y}\right)^{y}$$

für $y > -x$, und natürlich gilt auch in diesem Fall

$$\lim_{y \to \infty} f_x(y) = e^x = \lim_{y \to \infty} g_x(y).$$

$\square$

A.2 Einige nützliche Integrale

Lemma A.2 *Seien $\alpha, \beta \in \mathbb{R}$ mit $\alpha > -1$, $\alpha - \beta < 0$. Dann gilt:*

$$\int_0^\infty (\sinh \lambda)^\alpha (\cosh \lambda)^{-\beta} d\lambda = \frac{1}{2} B\left(\frac{\alpha+1}{2}, \frac{\beta-\alpha}{2}\right).$$

Lemma A.3 *Es gilt für $\alpha, \beta \in \mathbb{R}_{>-1}$:*

$$\int_0^{\frac{\pi}{2}} (\cos \vartheta)^\alpha (\sin \vartheta)^\beta d\vartheta = \frac{1}{2} B\left(\frac{\alpha+1}{2}, \frac{\beta+1}{2}\right).$$

Lemma A.4 *Es gilt für alle $\alpha, \beta \in \mathbb{R}$ mit $\alpha > -1$, $\beta - \alpha > 1$ und $x \geq 0$:*

$$\int_0^\infty \frac{t^\alpha}{(1+tx)^\beta} dt = \frac{1}{x^{\alpha+1}} B(\alpha+1, \beta-\alpha-1).$$

Beweis: (Der Lemmata A.2, A.3 und A.4). Die Formeln finden sich in [Ba], Abschnitt 1.5.1, Formeln 12, 19 und 23.

$\square$

A.3 Die Hyperbelfunktionen

Lemma A.5 *Es gilt für alle $\lambda, \vartheta \in \mathbb{R}$:*

$$
\begin{aligned}
(i) &: \cosh(\lambda + i\vartheta) = \cos\vartheta \cosh\lambda + i\sin\vartheta \sinh\lambda, \\
(ii) &: \sinh(\lambda + i\vartheta) = \cos\vartheta \sinh\lambda + i\sin\vartheta \cosh\lambda, \\
(iii) &: |\cosh(\lambda + i\vartheta)| \leq \cosh\lambda, \\
(iv) &: |\sinh(\lambda + i\vartheta)| \leq \cosh\lambda.
\end{aligned}
$$

(v) : *Es existiert ein $C > 0$ so, dass für alle $\lambda, \vartheta \in \mathbb{R}$ gilt:*

$$\left| \frac{\sinh(\lambda + i\vartheta)}{\lambda + i\vartheta} \right| \leq C \cosh\lambda.$$

Beweis: (i) und (ii) sind klar. Seien $\lambda, \vartheta \in \mathbb{R}$. Dann gilt:

zu (iii):

$$
\begin{aligned}
|\cosh(\lambda + i\vartheta)| &= |\cos\vartheta \cosh\lambda + i\sin\vartheta \sinh\lambda| \\
&= \left((\cos\vartheta \cosh\lambda)^2 + (\sin\vartheta \sinh\lambda)^2\right)^{\frac{1}{2}} \\
&\leq \left((\cos\vartheta \cosh\lambda)^2 + (\sin\vartheta \cosh\lambda)^2\right)^{\frac{1}{2}} \\
&= \cosh\lambda.
\end{aligned}
$$

zu (iv):

$$
\begin{aligned}
|\sinh(\lambda + i\vartheta)| &= |\cos\vartheta \sinh\lambda + i\sin\vartheta \cosh\lambda| \\
&= \left((\cos\vartheta \sinh\lambda)^2 + (\sin\vartheta \cosh\lambda)^2\right)^{\frac{1}{2}} \\
&\leq \left((\cos\vartheta \cosh\lambda)^2 + (\sin\vartheta \cosh\lambda)^2\right)^{\frac{1}{2}} \\
&= \cosh\lambda.
\end{aligned}
$$

zu (v): Falls $|\lambda + i\vartheta| \geq 1$, so gilt

$$\left| \frac{\sinh(\lambda + i\vartheta)}{\lambda + i\vartheta} \right| \leq |\sinh(\lambda + i\vartheta)| \leq \cosh\lambda.$$

Ferner ist die Abbildung $f: \mathbb{C} \setminus \{0\}, z \mapsto (\sinh(z))/z$ holomorph, so dass f auf $\{\lambda + i\vartheta \mid |\lambda + i\vartheta| \leq 1\}$ durch ein $C > 0$ beschränkt ist und somit auch hier $|(\sinh(\lambda + i\vartheta))/(\lambda + i\vartheta)| \leq C \leq C \cosh\lambda$ gilt. $\square$

A.4 Trinomische Formel

Lemma A.6 *Seien $a, b, c \in \mathbb{C}$, $n \in \mathbb{N}$. Dann gilt:*
$$(a+b+c)^n = \sum_{k+s+l=n} \frac{\Gamma(n+1)}{\Gamma(k+1)\Gamma(s+1)\Gamma(l+1)} a^k b^s c^l.$$

Beweis: Ist trivial. □

A.5 Gaußsches Fehlerintegral

Lemma A.7 *Sei $z \in \mathbb{C}$ mit $\mathfrak{Re}\, z > 0$, $l \in \mathbb{R}_{>-1}$. Dann gilt:*
$$\int_0^\infty e^{-r^2 z} r^l \, dr = \frac{1}{2} z^{-\left(\frac{l+1}{2}\right)} \Gamma\left(\frac{l+1}{2}\right).$$

Beweis: Für $z \in \mathbb{R}$, $z > 0$ gilt die Formel trivialerweise. Für nichtreelles z mit $\mathfrak{Re}\, z > 0$ folgt die Gleichheit über den Identitätssatz, da beide Seiten der Gleichung eine holomorphe Funktion auf der Halbebene $\{z' \mid \mathfrak{Re}\, z' > 0\}$ definieren. □

A.6 Die Stirlingsche Formel

Die im folgenden Lemma bewiesenen Abschätzungen über die Gamma- und Betafunktion sind natürlich auch wohlbekannt, jedoch zum Teil schwer in der Literatur zu finden.

Lemma A.8 *(i): $\lim_{x \to \infty} \Gamma(x) x^{-(x-\frac{1}{2})} e^x = \sqrt{2\pi}$.*

(ii): Es existieren Konstanten $C_1, C_2 > 0$ so, dass für alle $x \geq 1/2$
$$C_1 x^{x-\frac{1}{2}} e^{-x} \leq \Gamma(x) \leq C_2 x^{x-\frac{1}{2}} e^{-x}.$$

(iii): Es existieren Konstanten $C_3, C_4 > 0$ so, dass für alle $x \geq 1/2$, $\varepsilon \in [0,1]$
$$C_3 x^\varepsilon \Gamma(x) \leq \Gamma(x+\varepsilon) \leq C_4 x^\varepsilon \Gamma(x).$$

(iv): Es existiert eine Konstante C so, dass für alle $x, y \geq 1/2$
$$B(x,y) \leq C x^{x-\frac{1}{2}} y^{y-\frac{1}{2}} (x+y)^{-x-y+\frac{1}{2}}$$

und für alle $x, y \geq 1$
$$B\left(\frac{x}{2},\frac{y}{2}\right) \leq C x^{\frac{x}{2}-\frac{1}{2}} y^{\frac{y}{2}-\frac{1}{2}} (x+y)^{-\frac{x}{2}-\frac{y}{2}+\frac{1}{2}}.$$

(v): Es existieren Konstanten C_5, C_6 so, dass für alle $x, y \geq 1/2$, $\varepsilon \in [0,1]$
$$C_5 \left(\frac{y}{x+y}\right)^{\varepsilon} B(x,y) \leq B(x,y+\varepsilon) \leq C_6 \left(\frac{y}{x+y}\right)^{\varepsilon} B(x,y)$$

Beweis: Für den Beweis von (i) siehe [F-L]. (ii) folgt dann trivialerweise, da der Quotient in (i) sowohl nach oben als auch nach unten durch positive Zahlen C_1, C_2 beschränkt ist.

Zu (iii): Sei $x \geq 1/2$ und $\varepsilon \in [0,1]$. Dann ist mit (ii) und mit Lemma A.1

$$\begin{aligned}
\Gamma(x+\varepsilon) &\leq C_2 (x+\varepsilon)^{x+\varepsilon-\frac{1}{2}} e^{-x-\varepsilon} \\
&= \frac{C_2}{C_1} \left(\frac{x+\varepsilon}{x}\right)^{x+\varepsilon-\frac{1}{2}} e^{-\varepsilon} x^{\varepsilon} C_1 x^{x-\frac{1}{2}} e^{-x} \\
&\leq \frac{C_2}{C_1} \left(1+\frac{\varepsilon}{x}\right)^{x+\frac{1}{2}} e^{-\varepsilon} x^{\varepsilon} \Gamma(x) \\
&\leq \frac{C_2}{C_1} e^{\varepsilon} \left(1+\frac{\varepsilon}{x}\right)^{\frac{1}{2}} e^{-\varepsilon} x^{\varepsilon} \Gamma(x) \\
&\leq \frac{C_2}{C_1} 3^{\frac{1}{2}} x^{\varepsilon} \Gamma(x) \\
&= C_4 x^{\varepsilon} \Gamma(x)
\end{aligned}$$

mit $C_4 := \frac{C_2}{C_1} 3^{\frac{1}{2}}$. Weiter ist

$$\begin{aligned}
\Gamma(x+\varepsilon) &\geq C_1 (x+\varepsilon)^{x+\varepsilon-\frac{1}{2}} e^{-x-\varepsilon} \\
&= \frac{C_1}{C_2} \left(\frac{x+\varepsilon}{x}\right)^{x+\varepsilon-\frac{1}{2}} e^{-\varepsilon} x^{\varepsilon} C_2 x^{x-\frac{1}{2}} e^{-x} \\
&\geq \frac{C_1}{C_2} \left(1+\frac{\varepsilon}{x}\right)^{x+\varepsilon-\frac{1}{2}} e^{-\varepsilon} x^{\varepsilon} \Gamma(x) \\
&\geq \frac{C_1}{C_2} e^{\varepsilon} \left(1+\frac{\varepsilon}{x}\right)^{-\frac{1}{2}} e^{-\varepsilon} x^{\varepsilon} \Gamma(x) \\
&\geq \frac{C_1}{C_2} 3^{-\frac{1}{2}} x^{\varepsilon} \Gamma(x) \\
&= C_3 x^{\varepsilon} \Gamma(x)
\end{aligned}$$

mit $C_3 := \frac{C_1}{C_2} 3^{-\frac{1}{2}}$.

Zu (iv): Der Beweis erfolgt durch einfaches Anwenden von Teil (ii).

Zu (v): Der Beweis folgt sofort mit (iii). □

A.7 Eine Abschätzung des Sinus

Ich möchte an dieser Stelle Herrn Prof. Dr. H. König für den Hinweis auf das nachfolgende Lemma danken.

Lemma A.9 *Für alle $t \in [0, \pi/2]$ gilt*
$$\sin t \geq t e^{-\frac{t^2}{5}}.$$

Beweis: Die Potenzreihenentwicklung von $\sin t$ lautet
$$\sin t = \sum_{n=0}^{\infty} \frac{(-1)^n}{(2n+1)!} t^{2n+1}.$$

Entwickelt man auch $e^{-t^2/5}$ mit der Taylorreihe um 0, so ergibt sich
$$t e^{-\frac{t^2}{5}} = t \sum_{n=0}^{\infty} \frac{1}{n!} \left(-\frac{t^2}{5}\right)^n = \sum_{n=0}^{\infty} \frac{(-1)^n}{n! 5^n} t^{2n+1}.$$

Es reicht also zu zeigen, dass für alle $t \in [0, \pi/2]$ gilt:
$$0 \leq \sum_{n=1}^{\infty} \left(\frac{1}{(2n+1)!} - \frac{1}{n! 5^n}\right) (-1)^n t^{2n+1}.$$

Sei für $n \in \mathbb{N}_0$
$$a_n := \frac{1}{(2n+1)!} - \frac{1}{n! 5^n}.$$

Da $t > 0$ ist, reicht es also zu zeigen, dass für alle $t \in [0, \pi/2]$, $n \in \mathbb{N}$, n ungerade gilt:
$$a_n - t^2 a_{n+1} \leq 0.$$

Für $n = 2$ gilt $a_2 = \frac{1}{5!} - \frac{1}{50} \leq 0$, und falls $a_n \leq 0$ für ein $n \geq 2$, so folgt für $n+1$:
$$\begin{aligned}
a_{n+1} &= \frac{1}{(2n+3)!} - \frac{1}{(n+1)! 5^{n+1}} \\
&= \frac{1}{(2n+3)(2n+2)(2n+1)!} - \frac{1}{(n+1) n! 5 \cdot 5^n} \\
&\leq \frac{1}{(2n+3)(2n+2)} \left(\frac{1}{(2n+1)!} - \frac{1}{n! 5^n}\right) \\
&\leq 0.
\end{aligned}$$

Damit reicht es sogar nur zu zeigen, dass für alle $n \in \mathbb{N}$, n ungerade
$$a_n - \frac{\pi^2}{4} a_{n+1} \leq 0. \tag{A.1}$$

Für $n = 1$ gilt:
$$a_1 - \frac{\pi^2}{4} a_2 = \frac{1}{3!} - \frac{1}{5} - \frac{\pi^2}{4}\left(\frac{1}{5!} - \frac{1}{50}\right) = -\frac{1}{30} + \frac{7\pi^2}{2400} \leq -\frac{80}{2400} + \frac{70}{2400} < 0,$$

da $\pi^2 < 10$. Jetzt soll also die Ungleichung (A.1) für $n \in \mathbb{N}_{\geq 3}$, n ungerade gezeigt werden. Dafür soll erst per Induktion gezeigt werden, dass für alle $n \in \mathbb{N}_{\geq 3}$, n ungerade gilt:

$$2(n+1)!5^n \leq (2n+1)(2n+1)!. \tag{A.2}$$

Für $n = 3$ ist

$$2(n+1)!5^n = 2 \cdot 4! \cdot 5^3 = 250 \cdot 4! \leq 7 \cdot 7 \cdot 6 \cdot 5 \cdot 4! = 7 \cdot 7! = (2n+1)(2n+1)!.$$

Gilt (A.2) für ein $n \in \mathbb{N}_{\geq 3}$, n ungerade, so folgt für $n+2$:

$$\begin{aligned}
2((n+2)+1)!5^{n+2} &= 2(n+3)(n+2)(n+1)!25 \cdot 5^n \\
&\leq 25(n+3)(n+2)(2n+1)(2n+1)! \\
&\leq (2n+5)^2(2n+4)(2n+3)(2n+2)(2n+1)! \\
&= (2n+5)(2n+5)! \\
&= (2(n+2)+1)(2(n+2)+1)!.
\end{aligned}$$

Damit soll nun (A.1) für alle $n \in \mathbb{N}_{\geq 3}$, n ungerade bewiesen werden. Es gilt

$$\begin{aligned}
a_n - \frac{\pi^2}{4}a_{n+1} &= \frac{1}{(2n+1)!} - \frac{1}{n!5^n} - \frac{\pi^2}{4}\left(\frac{1}{(2n+3)!} - \frac{1}{(n+1)!5^{n+1}}\right) \\
&\leq \frac{1}{(2n+1)!} - \frac{1}{n!5^n} + \frac{\pi^2}{4}\frac{1}{5(n+1)!5^n} \\
&\leq \frac{1}{(2n+1)!} - \frac{1}{n!5^n} + \frac{1}{2(n+1)!5^n} \\
&= \frac{1}{2(n+1)!5^n}\left(\frac{2(n+1)!5^n}{(2n+1)!} - 2(n+1) + 1\right) \\
&= \frac{1}{2(n+1)!5^n}\left(\frac{2(n+1)!5^n}{(2n+1)!} - (2n+1)\right) \\
&= \frac{1}{2(n+1)!5^n(2n+1)!}(2(n+1)!5^n - (2n+1)(2n+1)!) \\
&\leq 0
\end{aligned}$$

nach Ungleichung (A.2). □

Literaturverzeichnis

[B]   Bañuelos, R.: Martingale transforms and related singular integrals. Trans. Amer. Math. Soc. 293(2), 1986, S. 547-564.

[Ba] Batemann, H., Erdélyi, A.: Higher Transcendental Functions, Volume 1. Robert E. Krieger Publishing Company Malabar Florida, 1987.

[Be] Bennett, A.: Probabilistic square functions and a priori estimates. Trans. Amer. Math. Soc. 291(1), 1985, S. 159-166.

[B-T-V] Berndt, J., Tricerri, F., Vanhecke, L.: Generalized Heisenberg groups and Damek-Ricci harmonic spaces. Lecture Notes in Mathematics 1598. Springer-Verlag, Berlin, 1995, S. 21-77.

[B-S] Bronstein, I.N., Semendjajew, K.A.: Teubner-Taschenbuch der Mathematik. B.G. Teubner Stuttgart-Leipzig, 1996.

[C]   Christ, M.: Hilbert transforms along curves. I. Nilpotent groups. Ann. of Math.(2) 122(3), 1985, S. 575-596.

[C-G] Corwin, L., Greenleaf, F. P.: Representations of nilpotent Lie groups and their applications. Part I: Basic theory and examples. Cambridge University Press, 2004.

[C-M-Z] Coulhon, T., Müller, D., Zienkiewicz, J.: About Riesz Transforms on the Heisenberg Groups. Math. Ann. 305, 1996, S. 369-379.

[Cy] Cygan, J.: Heat kernels for class 2 nilpotent groups. Studia Math. 64(3), 1979, S. 227-238. C. R. Acad.

[D]   Duoandikoetxea, J., Rubio de Francia, J.: Estimations indépendants de la dimension por les transformées de Riesz. C. R. Acad. Sci. Paris Sér. I Math. 300(7), 1985, S. 193-196.

[D-S]   Dunford, Schwarz: Linear Operators, Part II, Spectral Theory. John Wiley & Sons Inc., 1988.

[E]   Eckmann, B.: Beweis des Satzes von Hurwitz-Radon. Comment. Math. Helv. 15, 1942, S. 358-366.

[El]   Elstrodt, J.: Maß - und Integrationstheorie. Springer Berlin Heidelberg New York, 2005.

[F]   Folland, G. B.: Subelliptic estimates and function spaces on nilpotent Lie groups. Ark. Mat. 13(2), 1975, S. 161-207.

[F-L]   Fischer, W., Lieb, I.: Funktionentheorie. Vieweg, 1994.

[G]   Gaveau, B.: Principe de moindre action, propagation de la chaleur et estimées sous-elliptiques sur certains groupes nilpotents. Acta Math. 139(1-2), 1997, S. 95-153.

[G-V]   Gundy, R., Varopoulos, N.: Les transformations de Riesz et les intégrales stochastiques. C. R. Acad. Sci. Paris, A 289, 1979, S. 13-16.

[H]   Hulanicki, A.: The distribution of energy of the Brownian motion in Gaussian field and analytic-hypoellipticity of certain subelliptic operators on the heisenberg group. Studia Math. 56(2), 1976, S. 165-173.

[K]   Kaplan, A.: Fundamental solutions for a class of hypoelliptic PDE generated by composition of quadratic forms. Trans. Amer. Math. Soc. 258(1), 1980, S. 147-153.

[K-R]   Kaplan, A., Ricci, F.: Harmonic analysis on groups of Heisenberg type. Lecture Notes in Mathematics 992. Springer-Verlag, Berlin, 1983, S. 416-435.

[Ko]   Komatsu, H.: Fractional powers of operators. Pac. J. Math. 21, 1966, S. 285-346.

[L-V]   Lohoué, N., Varopoulos, N.: Remarques sur les transformées de Riesz sur les groupes nilpotents. C. R. Acad. Sci. Paris Sér. I Math. 301(11), 1985, S. 559-560.

[LP]   Lust-Piquard, F.: Riesz transforms on generalized Heisenberg groups and Riesz transforms associated to the CCR heat flow. Publ. Mat. 48(2), 2004, S. 309-333.

[M1]   Meyer, P.A.: Démonstration probabiliste de certaines inégalités de Littlewood-Paley. Séminaire de Probabilités X , Lecture Notes in Math. 511. Springer-Verlag, Berlin, 1976, S. 125-183.

[M2] Meyer, P.A.: Transformations de Riesz pour les lois gaussiennes. Séminaire de Probabilités XVIII, Lecture Notes in Math. 1059. Springer-Verlag, Berlin, 1984, S. 179-193.

[P] Pisier, G.: Riesz transforms: a simpler analytic proof of P.A. Meyer's inequality. Seminaire de Probabilites XXII, Lecture Notes in Mathematics 1321. Springer-Verlag, Berlin, 1984, S. 485-501.

[R] Rainville, E.D.: Special Functions. Macmillan, New York, 1960.

[Ra] Randall, J.: The Heat Kernel for Generalized Heisenberg Groups. J. Geom. Anal. 6(2), 1996, S. 287-316.

[Ru1] Rudin, W.: Functional Analysis. McGraw-Hill, 1973.

[Ru2] Rudin, W.: Real and Complex Analysis. McGraw-Hill, 1966.

[S] Saka, K.: Besov spaces and Sobolev spaces on a nilpotent Lie group. Tôhoku Math. J. (2) 31(4), 1979, S. 383-437.

[S1] Stein, E.M.: Some results in harmonic analysis in $\mathbb{R}^n$ for $n \to \infty$. Bull. Amer. Math. Soc. 9(1), 1983, S. 71-73.

[S2] Stein, E.M.: Harmonic Analysis. Princeton University Press, 1993.

[S-W] Stein, E.M., Wainger, S.: Problems in harmonic analysis related to curvature. Bull. Amer. Math. Soc. 84(6), 1978, S. 1239-1295.

[St] Strichartz, R.S.: Analysis of the Laplacian on the Complete Riemannian Manifold, J. Funct. Anal. 52(1), 1983, S. 48-79.

[V] Varopoulos, N., Saloff-Coste, L., Coulhon, T.: Analysis and Geometry on Groups. Cambridge University Press, 1992.

i want morebooks!

Buy your books fast and straightforward online - at one of world's fastest growing online book stores! Environmentally sound due to Print-on-Demand technologies.

Buy your books online at
www.get-morebooks.com

Kaufen Sie Ihre Bücher schnell und unkompliziert online – auf einer der am schnellsten wachsenden Buchhandelsplattformen weltweit! Dank Print-On-Demand umwelt- und ressourcenschonend produziert.

Bücher schneller online kaufen
www.morebooks.de

VDM Verlagsservicegesellschaft mbH
Heinrich-Böcking-Str. 6-8   Telefon: +49 681 3720 174   info@vdm-vsg.de
D - 66121 Saarbrücken   Telefax: +49 681 3720 1749   www.vdm-vsg.de

Printed by Books on Demand GmbH, Norderstedt / Germany